Urte Hotje
Du hast den Job!

W0294360

REDLINE | VERLAG

Urte Hotje

DU HAST DEN JOB!

Erfolgreich bewerben mit Personal Branding

Bibliografische Information der Deutschen Nationalbibliothek
Die Deutsche Nationalbibliothek verzeichnet diese Publikation in der Deutschen Nationalbibliografie. Detaillierte bibliografische Daten sind im [illegible] http://dnb.d-nb.de abrufbar.

Für Fragen und Anregungen
info@redline-verlag.de

1. Auflage 2021

© 2021 by Redline Verlag, ein I[illegible] Verlagsgruppe GmbH
Türkenstraße 89
80799 München
Tel.: 089 651285-0
Fax: 089 652096

Alle Rechte, insbesondere das Recht der Vervielfältigung und Verbreitung sowie der Übersetzung, vorbehalten. Kein Teil des Werkes darf in irgendeiner Form (durch Fotokopie, Mikrofilm oder ein anderes Verfahren) ohne schriftliche Genehmigung des Verlages reproduziert oder unter Verwendung elektronischer Systeme gespeichert, verarbeitet, vervielfältigt oder verbreitet werden.

Die gewählte männliche Form bezieht sich immer zugleich auf weibliche, männliche und diverse Personen. Auf konsequente Doppelbezeichnung wurde aufgrund besserer Lesbarkeit verzichtet.

Redaktion: Marileen Kullmann
Umschlaggestaltung: Karina Braun
Umschlagabbildung: Shutterstock: Flache Vektorgrafik, Jobsuche, Rekrutierung, Arbeitsgruppe, freiberufliche Tätigkeit, Web-Grafik-Design von Viktoria Kurpas (konvertiert)
Satz: Helmut Schaffer, Hofheim a. Ts.
Druck: CPI books GmbH, Leck
Printed in Germany

ISBN Print 978-3-86881-840-6
ISBN E-Book (PDF) 978-3-96267-303-1
ISBN E-Book (EPUB, Mobi) 978-3-96267-304-8

Weitere Informationen zum Verlag finden Sie unter

www.redline-verlag.de

Beachten Sie auch unsere weiteren Verlage unter www.m-vg.de

INHALT

PERSONAL BRANDING

Ein Arbeitgeber für das gesamte Berufsleben?

Dies wird in der nahen Zukunft nicht mehr realistisch sein, nimmt doch die Häufigkeit der Arbeitsplatzwechsel aufgrund der sich ändernden Arbeitswelt für Arbeitnehmer rasant zu. Dies bringt eine höhere Fluktuation, potenzielle Wechsel in andere Branchen und die Notwendigkeit mit sich, sich als Arbeitnehmer immer wieder neu bewerben und auf dem Arbeitsmarkt behaupten zu müssen.

Für dich heißt das, dass du dich im Laufe deines zukünftigen Arbeitslebens häufiger als bisher mit dem Thema Bewerbungen auseinandersetzen musst.

Bei zum Teil mehr als hundert Kandidaten für eine offene Stelle reicht die reine Qualifikation auf dem Papier nicht mehr aus. Du musst als Gesamtpaket attraktiv für deinen zukünftigen Arbeitgeber sein. Es gilt, dich als Marke, als Personal Brand, zu etablieren.

Was Bier mit Deiner Bewerbung zu tun hat

Wer kennt ihn nicht, den legendären Werbeslogan der Biermarke Jever:

»Wie das Land, so das Jever. Friesisch-herb.«[1]

Diese Werbung hat einen extrem hohen Wiedererkennungswert, so mancher wird den herben Biergeschmack auf der Zunge spüren, sobald er den Werbespot oder eine gedruckte Anzeige sieht.

Darum geht es auch bei deiner Bewerbung: Dass du dich klar positionierst, präsentierst, wer du bist und was dich ausmacht. So sorgst du dafür, dass nach dem Lesen deiner Bewerbung oder nach einem Vorstellungsgespräch ein klares, unverwechselbares Bild von dir entsteht; du stichst – um bei dem Bild der Jever-Werbung zu bleiben – wie ein Leuchtturm aus der Menge der anderen Bewerber heraus.

Denn dann bist du eben nicht nur ein weiterer Kandidat für die ausgeschriebene Stelle zum Buchhalter, sondern du bist die perfekte Besetzung. Du verfügst zum Beispiel über Expertenwissen in einer Spezialsoftware und bist in der Lage, trockene Zahlen lebendig und leicht verständlich aufzubereiten.

Wir leben in einer von Marken dominierten Welt. Es gibt kaum einen Bereich des täglichen Lebens, in dem Marken keine Rolle spielen. Auch du bist täglich von Marken umgeben. Vielleicht bist du absoluter Apple-Fan, trägst Sneaker nur von Nike oder schwörst beim Frühstück auf Nutella?

Irgendetwas haben diese Marken, das ihre Produkte von anderen Smartphones, Turnschuhen oder Nussnougatcremes unterscheidet. Sind es die einzigartigen technischen Features oder die unübertroffene Qualität? Das ist nur ein Teil der Wahrheit. Bei Marken sind es besonders die Emotionen, die diese Marke hervorrufen, die Markenbotschaft, die damit verbunden ist.

Hast du dir schon einmal darüber Gedanken gemacht, was genau *deine* Lieblingsmarke für dich so attraktiv macht?

Wie das alles funktioniert und wie auch du deine ganz individuelle Marke entwickeln kannst, werden wir in diesem Buch Schritt für Schritt durchspielen. Das Zauberwort hierzu heißt *Personal Branding*.

Was ist Personal Branding?

In den letzten Jahren ist Personal Branding zu einem Buzzword avanciert; es beschreibt, wie du deine ganz individuelle Marke entwickelst. Erstmalig wurde Personal Branding im Jahr 1997 in dem legendären Artikel »The Brand called You« in der Zeitschrift *Fast Company* erwähnt.[2] Der Autor des Artikels, Tom Peters, betont den hohen Stellenwert, den Personal Branding zukünftig haben wird:

> *»Um heute in der Businesswelt zu überleben, ist es deine wichtigste Aufgabe, Head of Marketing für deine eigene Marke zu sein.«*

Die Idee dahinter ist einfach: Du überlegst dir, was dich besonders und einzigartig macht, definierst, wofür du als Marke stehen möchtest, und kommunizierst diese Markenbotschaft an deine Zielgruppe.

Ob Cristiano Ronaldo, Donald Trump oder die junge Sängerin Billie Eilish: Sie alle sind Marken, sind unverwechselbar und stehen für ihren ganz eigenen Stil in Sport, Politik und Musik – ob man diesen nun mag und sympathisch findet oder nicht.

Wahrscheinlich bist du nun zufällig kein Präsident oder ein erfolgreicher Sportler oder ein Popstar, sondern möchtest dir einfach deinen Traumjob angeln? Kein Problem! Die gute Nachricht ist: Personal Branding funktioniert auch bei uns Otto-Normal-Menschen. Denn jeder Mensch verfügt über ein einzigartiges Set an Eigenschaften, Fähigkeiten und Erfahrungen. Die Kunst besteht darin, diese Kombination greifbar, erfahrbar zu machen und daraus eine klare Markenbotschaft abzuleiten.

Auf den Bewerbungsprozess übertragen bedeutet dies einen bedeutsamen Paradigmenwechsel: Es geht heute nicht mehr darum, nur eine bestimmte Funktion wie beispielsweise die des Projektmanagers auszufüllen. Es geht darum, dich als einmaliges Gesamtpaket zu präsentieren.

Für deine Bewerbungsunterlagen bedeutet dies, dass nicht mehr nur die formal korrekte Form ausschlaggebend ist, sie sind als Marketingbroschüre deiner eigenen Marke zu verstehen.

Traditionelle Bewerbung	Personal Branding
Kandidat füllt gesuchte Funktion aus	Kandidat ist attraktives Gesamtpaket
Formal korrekte Form	Bewerbungsunterlagen sind Marketingbroschüre
…	…

In den folgenden Kapiteln werden wir Schritt für Schritt deine persönliche Marke erarbeiten und dich deinem Traumjob näherbringen. Hier eine kurze Übersicht der Schritte:

Schritt 1: Wer bist du?
Dieser Schritt ist der allerwichtigste im gesamten Prozess. Hier wird das Fundament deiner Marke gelegt. In diesem Schritt geht es um dich, und zwar ausschließlich um dich. Und das in allen Facetten. Du wirst herausfinden, welche Kombination deiner Kompetenzen und Eigenschaften deine einzigartige Superpower ausmacht. Du wirst verstehen, welche Werte dir im Leben wichtig sind und dich in deinem Tun leiten. Auch deine Vision von dir selbst, das, was dich antreibt, was du im Leben erreichen möchtest, werden wir beleuchten.

Schritt 2: Wofür stehst du?

Nachdem wir uns im ersten Schritt ein solides Fundament erarbeitet haben, wissen, wer du bist und welche einzigartigen Eigenschaften und Kompetenzen du mitbringst, werden wir uns in diesem Schritt damit beschäftigen, welche Aspekte deiner Persönlichkeit du für deine ganz eigene Marke hervorheben möchtest.

Schritt 3: Was ist deine Marke?

Nun fügen wir alles zusammen, was du in Schritt eins und zwei erarbeitet hast. Wir werden die einzelnen Bausteine einer Marke kennenlernen und darauf basierend deine eigene Marke aufbauen.

Außerdem werden wir dein individuelles Brand-Statement erarbeiten. Das ist der eine kurze, magische Satz, der beschreibt, wofür du mit deiner Marke einstehst.

Schritt 4: Wer ist deine Zielgruppe?

In Schritt drei hast du deine ganz individuelle Personal Brand erstellt. Sie ist einzigartig und speziell. Da ist es nur verständlich, dass sich nicht jeder von dieser Marke angesprochen fühlt. Das ist vollkommen in Ordnung. Wichtig für dich ist es, zu analysieren, wer deine Zielgruppe ist und wen du ansprechen musst, um an deinen Traumjob zu kommen.

Schritt 5: Wie kommunizierst du?

Du kannst die tollste Marke sein und für viele Unternehmen potenziell ein unglaublich wertvoller Mitarbeiter oder eine unglaublich wertvolle Mitarbeiterin sein – wenn das keiner weiß, wirst du trotzdem kein Jobangebot bekommen.

Wir werden uns also damit befassen, wie du am besten mit deiner Zielgruppe kommunizierst, welche Kanäle du nutzen kannst und worauf du achten solltest, um deine Marke im besten Licht zu präsentieren. Denn letztendlich ist das ja das Ziel eines jeden Bewerbungsprozesses: deinen Traumjob zu bekommen.

SCHRITT 1: WER BIST DU?

»Wenn du nicht weißt, woher du kommst, weißt du nicht, wo du dich befindest, und wenn du nicht weißt, wo du dich befindest, weißt du nicht, wohin du gehst. Und wenn du nicht weißt, wohin du gehst, gehst du wahrscheinlich falsch.«

Terry Pratchett, britischer Fantasy-Schriftsteller,
in »I Shall Wear Midnight« (dt. »Das Mitternachtskleid«)

Die Grundlage deines Personal Brandings bist du. Wir werden uns in diesem Kapitel intensiv mit deiner Einzigartigkeit beschäftigen.

Bevor du beginnst, dir Gedanken darüber zu machen, wie du dich beruflich positionieren möchtest oder wie dein nächster Karriereschritt konkret aussehen soll, ist es wichtig, sich mit dir selbst zu beschäftigen. Denn: Je besser du dich selbst kennst, umso leichter wird es dir fallen, die für dich richtigen Entscheidungen zu treffen. Du wirst anschließend wissen, was Du willst und brauchst, welche Stelle zu dir passt, in welchen Bereichen du wie tätig sein möchtest. Vor allem wird es dir möglich sein, klar, authentisch und überzeugend zu argumentieren, weshalb genau du die optimale Besetzung für die Stelle bist, auf die du dich bewirbst.

Wir haben im letzten Kapitel bereits über Marken gesprochen. Was wir im Rahmen deiner beruflichen Identität erarbeiten, sind letztendlich deine einzigartigen Marken-Features.

Wir werden Schritt für Schritt alle wichtigen Bereiche deiner Person beleuchten. Das Besondere an diesem Ansatz ist, dass er sowohl berufliche als auch ganz persönliche Aspekte berücksichtigt.

Es geht um dich als einzigartiges Individuum, das so viel mehr zu bieten hat, als nur Zeugnisse und Berufserfahrung.

Die Entdeckungsreise zu dir selbst

Du wirst erstaunt darüber sein, was alles in dir steckt, was du der Welt zu bieten hast. Zur Unterstützung solltest du einen aktuellen Lebenslauf von dir zu Hand haben. So kannst du deine einzelnen beruflichen Stationen im Hinblick auf folgende Fragen genau beleuchten. Du wirst überrascht sein, welche Vielzahl an Aspekten sich in deiner bisherigen Berufslaufbahn angesammelt haben, die allesamt kleine Bausteine deiner Personal Brand sein können.

Weißt du eigentlich, was du weißt und welchen Wert das hat?

»Wir alle wissen mehr als das, wovon wir wissen, dass wir es wissen.«

Dieses Zitat des amerikanischen Schriftstellers Thornton Wilder gibt uns einen Hinweis darauf, dass es sich lohnt, eine Wissensinventur zu machen.

Wenn du deinen Wissensschatz betrachtest, wird dir vieles selbstverständlich erscheinen, deswegen ist es wichtig, dass du dir bewusst wirst, wie viel Wissen du im Laufe deines Lebens bereits angesammelt hast. Eventuell hast du spezielles Fachwissen, das genau zu den Anforderungen der Stelle passt, auf die du dich bewerben möchtest. Wenn du dir klar darüber bist, welches Wissen du in das neue Unternehmen mit einbringen kannst, dann wird es dir im Bewerbungsprozess viel leichter gelingen, dieses auch gewinnbringend zu kommunizieren.

Welches Wissen hast du dir in Ausbildung und Beruf angeeignet? Über welches Fachwissen verfügst du? Lass uns dazu ein Beispiel anschauen.

Robert, Anfang 50, hat einen Magister-Abschluss in Geschichte und Philosophie. In den letzten Jahren hat er in einem Medienunternehmen als Betriebsratsvorsitzender agiert. Dies ist eine spannende Kombination. Während seines Studiums hat Robert verschiedene Methoden gelernt, sich schnell und intensiv in komplett neue Themen einzuarbeiten und seine Meinung dazu klar und präzise zu artikulieren. Gerade im Philosophie-Studium hat er viele Theorien zu Moral, Ethik, Werten und Normen kennengelernt. Dieses gebündelte Wissen war ihm in seiner Tätigkeit als Betriebsratsvorsitzender sehr nützlich. In seiner neuen Rolle hat er zusätzliche Kenntnisse im Bereich Arbeitsrecht und Betriebswirtschaft erwerben können.

Welche Sprachen sprichst du?

Anke, 42, hat in der Schule Englisch und Latein gelernt. Während des Studiums ging sie für ein Austauschsemester nach Schweden, wo sie zum einen ihr Englisch vertiefen konnte, zum anderen Grundkenntnisse in der schwedischen Sprache erworben hat. Vor einigen Jahren belegte sie mehrere Italienisch-Kurse an der Volkshochschule.

Welche Methoden beherrschst du?

Ute, 43, hat im Laufe ihres Berufslebens mehrere betriebsinterne Weiterbildungen absolvieren dürfen. So besitzt sie Grundkenntnisse in Projektmanagement, hat einen Six Sigma Greenbelt (statistische Prozessoptimierung) und hat gelernt, Meetings zu moderieren.

Welche Computerprogramme kannst du bedienen?

Oliver, 21, hat ein halbes Jahr in der Market Intelligence Abteilung eines globalen Konzerns gearbeitet. Hier hat er die Software Microsoft Sharepoint kennengelernt, seine Excel-Kenntnisse vertieft und gelernt, Daten in PowerPoint zu visualisieren.

In welchen Unternehmensstrukturen und Fachbereichen kennst du dich aus?

Urte, 41, hat im Rahmen ihrer Promotion den Universitätsbetrieb kennengelernt. Danach hat sie in die Industrie gewechselt und hat dort Einblicke in die Qualitätsabteilung, die Entwicklung, die Prozesstechnik, die Produktion, den Vertrieb sowie die Marketingabteilung erhalten.

In welche Industriezweige oder Märkte hattest du Einblicke?

Nils, 38, hat als Social-Media-Experte bereits einige Unternehmen kennengelernt. Begonnen hat er seine berufliche Laufbahn im Bereich Mobilfunk. Danach war er für einen großen Reiseanbieter tätig, wo er Erfahrungen mit der Zielgruppe der Endkonsumenten gesammelt hat. Anschließend ist er in die Automobilzulieferer-Industrie gewechselt. Hier lernte er Werkstätten und Großhändler als neue Zielgruppe kennen. Mittlerweile arbeitet er bei einem Elektronik-Unternehmen und entwickelt digitale Strategien für Endkonsumenten.

TIPP:

In der sich stets wandelnden Welt kann Wissen schnell verjähren. Bedenke, dass bestehendes Wissen keine Versicherung für die Zukunft ist.

- Reicht das Wissen, das du dir bisher angeeignet hast?
- Gibt es Bereiche, in denen du nachlegen solltest?

Platz für dein Wissen:

Platz für Wissen, das du dir noch aneignen möchtest:

Kunst kommt von Können

Neben dem Wissen, dass du dir angeeignet hast, verfügst du über ein Können, das du nur zu einem gewissen Grad erlernen kannst. Vielleicht bist du ein Organisationstalent, ein Praktiker oder ein besonders kreativer Kopf?

Denk einmal darüber nach, was dir leichtfällt.

- In welchen Situationen kommst Du besonders gut zurecht? Bei welchen Themen wirst Du um Hilfe gebeten?
- Bist du praktisch veranlagt?
- Kannst du Informationen schnell in einen logischen Zusammenhang bringen?
- Bist du sehr strukturiert und kannst auch mehrere Aufgaben gleichzeitig termingerecht abarbeiten?
- Bist du künstlerisch begabt?
- Nutzt du deine Kreativität und Fantasie, um Fragestellungen aus einem ganz anderen Blickwinkel zu betrachten?
- Bitten dich deine Kollegen und Freunde häufiger, kritische Nachrichten oder E-Mails Probe zu lesen, weil du besonders diplomatisch formulieren kannst?

Platz für Wissen, das du dir noch aneignen möchtest:

All das sind Indizien für deine einzigartigen Stärken und Talente – dein Können. Um dir Dein Können einfacher zu vergegenwärtigen, kannst du in zwei verschiedene Richtungen denken:

1. Soziale Kompetenzen: Was kannst du im Umgang mit anderen Menschen gut?
2. Fachliche Kompetenzen: Welche Fähigkeiten hast du sowohl im theoretischen als auch im praktischen Bereich?

In den folgenden Abbildungen sind einige Kompetenzen zusammengefasst, die dich inspirieren sollen, deinen eigenen Talenten und Kompetenzen auf den Grund zu gehen.

Soziale Kompetenzen

Abbildung 1: Soziale Kompetenzen

Fachliche Kompetenzen

Abbildung 2: Fachliche Kompetenzen

Zusätzlich ist es sehr hilfreich, sich von außen Feedback zu holen. Befrag doch einfach einmal deine Umgebung zu deiner Person:

- Mit welchen Problemen würden sich deine Freunde an dich wenden?
- Für welche Fähigkeiten bewundern dich deine Eltern?
- Für welche Themen bist du in den Augen deiner Kollegen Experte?

Platz für deine sozialen Kompetenzen:

Platz für deine fachlichen Kompetenzen:

Wie wertvoll ist dein Leben?

Deine Werte bilden das Fundament deiner Personal Brand. Sie sind der innere Kompass für dein Denken und Handeln. Deine Werte sind für dich erstrebenswerte Ideale, deine Haltung zum Leben, deine Bedürfnisse.

- Wie möchtest du etwas erschaffen, z.B. durch Kreativität, Pünktlichkeit, Eigenständigkeit?
- Was bereichert dich innerlich, z.B. Spaß, Großzügigkeit, Liebe?
- Wie ist deine Einstellung zum Leben: z.B. Zuversicht, Demut, Standfestigkeit?

Nur wenn dein Tun und deine Umgebung deinem Wertesystem entsprechen, kannst du wahre Zufriedenheit erlangen. Deswegen ist es so wichtig, dass du dir die Zeit nimmst, dich mit deinen Werten vertraut zu machen. So erhältst du einen klaren Leitfaden für deine Entscheidungen und stellst sicher, dass dein nächster Karriereschritt auch wirklich zu dir passt.

Die nachfolgende Abbildung soll dir eine Orientierung über mögliche Werte geben:

Abbildung 3: Wertvorstellungen

Sammle in der nachfolgenden Liste nun Werte, die für dich von besonderer Wichtigkeit sind.

Platz für deine Werte:

Womit beschäftigst du dich gern?

Auch wenn deine Interessen auf den ersten Blick nichts mit deinem Beruf zu tun haben, so sind sie dennoch wichtig, um dich als Ganzes zu verstehen. Sie geben einen Hinweis darauf, was dich bewegt, motiviert und fasziniert.

Zu welchen Themen hast du jede Menge Bücher, bist in Facebook-Gruppen aktiv oder liest Blogs?

- Über welche Themen kannst du dich stundenlang auf einer Party unterhalten?
- Was verbindet dich mit deinen Freunden?
- Was sind deine Hobbies?
- Für welche Aktivitäten stehst du auch am Wochenende gern früh auf?
- Womit hast du dich als Kind gern beschäftigt?
- Wobei vergisst du die Zeit?

Wieso es so wichtig ist, deine Interessen zu berücksichtigen, zeigt das Beispiel von Tatjana, die sich aufgrund eines beruflichen Coachings an mich gewandt hatte.

Tatjana, 28, hat nach dem Abitur Informatik studiert. Ihre Mutter arbeitete ebenfalls im Bereich Informatik, was auch der Hauptgrund für ihre Studienwahl war. Tatjana quälte sich durch das Studium und erlangte mit viel Disziplin ihren Bachelor-Abschluss. Zwei Jahre arbeitete sie in einem kleinen Unternehmen als Junior-Software-Entwicklerin und bekam immer mehr psychische Probleme. Sie hatte einfach keine Freude an ihrem Job. Im Coaching arbeiteten wir heraus, dass Tatjana seit ihrer Kindheit von Sprachen begeistert war und sich schon mit 8 Jahren selbst Englisch beigebracht hatte. Außerdem las und schrieb sie gern Filmrezensionen und befasste sich intensiv mit dem Thema Bildung. Anhand dieser Interessen haben wir im Coaching mehrere Berufsoptionen entwickelt, die ihr Wissen und ihr Können berücksichtigen und gleichzeitig auch ihren Interessen Raum geben. Software-Entwicklung war definitiv keine der Optionen, die sich aus ihren ureigenen Interessen heraus ergab.

Bist du dir deiner Interessen bewusst, kannst du sie gezielt zum Teil deiner Personal Brand machen und realisierst so deine Work-Life-Romance.

Was das heißt? Dein Job fühlt sich gar nicht wie Arbeit an, da du an Themen arbeitest, die dich wirklich begeistern oder für die du brennst.

Platz für deine Interessen:

Priorisiere und entscheide dich

Wenn du die Fragen in diesem Kapitel alle aktiv beantwortet hast, dann solltest du jetzt vier prall gefüllte Textfelder mit vielen Stichworten haben. Um die wirklich relevanten Bestandteile deiner Personal Brand klar zu definieren, ist es sinnvoll, sich auf die für dich wirklich wichtigen Aspekte zu konzentrieren. Mit einer kleinen Übung kannst du die Quintessenz ganz einfach herausarbeiten. Alles, was du dafür brauchst, sind 50 Haftnotizzettel (normale Notizzettel tun es natürlich auch) und ein Stift. Führe folgenden Schritte für die Bereiche Wissen, Können, Werte und Interessen aus:

- Schreibe jeweils 10 der für dich attraktivsten Begriffe aus jeder Textbox auf. Notiere nur einen Begriff pro Haftnotizzettel.
- Erstelle ein Ranking der Begriffe nach Wichtigkeit: Die wichtigen Begriffe stehen oben, die weniger wichtigen unten. So erhältst du eine Hierarchie der Begriffe.
- Betrachte die gebildete Hierarchie und höre in dich hinein, ob diese für dich stimmig ist. Andernfalls kannst du noch Veränderungen vornehmen.
- Notiere die Top 5 jeder Zettelreihe.

Wissen	Können	Werte	Interessen

Diese Tabelle beinhaltet die wichtigsten Bausteine deiner Personal Brand, die Kernpunkte deiner Marke. Sie wird dir beim Aufbau deiner individuellen Marke ein wichtiger Kompass sein. Herzlichen Glückwunsch zu diesem Meilenstein!

Alles wird G.U.T.

Ein Bewerbungsprozess besteht immer aus zwei Parteien: dir und dem Unternehmen, das eine neue Mitarbeiterin oder einen neuen Mitarbeiter sucht. Die folgende G.U.T.-Übung gibt dir einen guten Überblick darüber, wie dein perfekter Job aussehen könnte. G.U.T. steht für Gegebenheiten – Unternehmen – Themen.

Gegebenheiten

Hier solltest du dir darüber Gedanken machen, zu welchen Rahmenbedingungen du arbeiten möchtest. Es gibt eine Vielzahl von Faktoren zu beachten:

An welchem Ort soll deine zukünftige Arbeitsstelle liegen?

Bist Du aus privaten Gründen, beispielsweise durch deine Familie, an einen bestimmten Ort gebunden oder hast du einen Sehnsuchtsort, an dem du unbedingt arbeiten möchtest? Eventuell ist dieser Aspekt für dich aber auch nur von geringerer Bedeutung, da du mobil bist und dir die Aufgabe deines Traumjobs wichtiger als die geographische Lage ist.

Für Ali, 32, war klar, dass er Deutschland verlassen möchte. Durch seinen beruflichen Hintergrund im Bereich Versicherungen und Finanzen stand ihm eine Vielzahl von Möglichkeiten offen. Seine Fragestellung im Coaching war, wohin sich seine berufliche Karriere geographisch entwickeln sollte. Im Laufe der Sitzungen haben wir die verschiedenen Optionen Deutschland, Kanada, Miami und Dubai analysiert und einen konkreten Aktivitätenplan entwickelt, um seine Auslandsambitionen in die Tat umzusetzen.

Für Tatjana, 28, war klar, dass sie nur in einer Großstadt leben möchte, die ein abwechslungsreiches kulturelles Angebot bietet. Dieser Aspekt war ihr wichtiger als die Tatsache, in einem renommierten Unternehmen zu arbeiten oder eine bestimmte Funktion innezuhaben. Ihre Favoriten waren Berlin und Hamburg, sodass wir uns bei der Stellensuche auf diese Städte konzentriert haben.

Mit welchen Menschen möchtest du zusammenarbeiten?

Für manche Menschen ist es elementar wichtig, mit Menschen zusammenzuarbeiten, die genauso ticken wie sie, die ähnliche Werte und Ziele haben. Für andere ist dieser Aspekt nebensächlich, da für sie die eigentliche Aufgabe und mögliche Karrierechancen im Vordergrund stehen.

Für Natalia, 36, die im Bereich Bildung arbeitet, ist es sehr wichtig, mit Menschen zusammenzuarbeiten, die wie sie über einen gewissen Intellekt verfügen und sich intensiv mit gesellschaftlichen Themen auseinandersetzen. In der Vergangenheit hat sie immer wieder die Erfahrung machen müssen, mit Kollegen zusammenzuarbeiten, die weder für die Arbeit noch für aktuelle Themen Interesse zeigten. Das war für sie nur schwer auszuhalten, da sie den intellektuellen Austausch während ihrer akademischen Ausbildung stets genossen hatte. Als Ergebnis ihres Coachings hat sie sich für die Rückkehr an die Universität entschieden, da ihr das Umfeld wichtiger war als eine Karriere oder ein hohes Gehalt.

In welcher Rolle möchtest du arbeiten?

Über die Gretchenfrage, ob du lieber Experte oder Führungskraft sein möchtest, solltest du dir schon vor einer Bewerbung im Klaren sein. Möchtest du dich auf Fachthemen konzentrieren oder lieber Teams führen und Geschäftsbereiche managen? Auf welcher Hierarchieebene möchtest du arbeiten? Ist es dir wichtig, Teil der Geschäftsführung zu sein oder siehst du dich eher im mittleren Management?

Rainer, 52, hat lange als Geschäftsführer in einem Abrechnungsbüro gearbeitet. Dort hatte er Verantwortung für bis zu 10 Mitarbeiter und musste den Überblick über alle Bereiche behalten. Im Laufe des Coachingprozesses hat sich herauskristallisiert, dass er sich in seinem nächsten Betätigungsfeld lieber auf das Thema IT-Lösungen und -Prozessoptimierung konzentrieren möchte, als erneut einen Posten als Geschäftsführer anzunehmen.

Zu welchen Konditionen möchtest du arbeiten?

Arbeit um jeden Preis? Der mündige Arbeitnehmer macht hier nicht mit. Die Arbeitskonditionen müssen fair sein und zur erbrachten Leistung und der aktuellen Lebenssituation passen. Was ist dir wichtig? Hast du Freude an einer regelmäßigen Reisetätigkeit? Ist für dich die Option Homeoffice relevant? Möchtest du in Teilzeit arbeiten? Wie wichtig sind flexible Arbeitszeiten für dich? Wie viel möchtest du verdienen? Sollen Prämien Bestandteil deines Gehaltes sein? Bestehst du auf einen Dienstwagen? Inwieweit sollen gezielte Weiterbildung und strategische Entwicklungspläne Teil deines Leistungspaketes sein?

Inga, 42, hat eine Weiterbildung zur Online-Marketing-Managerin gemacht. Da sie einen schulpflichtigen Sohn hat, war es für sie wichtig, ausreichend Zeit für ihr Kind zu haben. Bei der Stellensuche haben wir uns daher auf Teilzeitstellen konzentriert. Im Moment entwickelt sie den

Internetauftritt einer Arztpraxis. Dort übernimmt sie auch administrative Tätigkeiten und hat so Freiraum für die Betreuung ihres Kindes.

Unternehmen

Nicht jeder fühlt sich aufgrund seiner Persönlichkeit und seines Wertesystems in jedem Unternehmen gleich wohl. Deswegen ist es wichtig, dass du dir darüber Gedanken machst, wo du gern arbeiten möchtest, BEVOR du dich auf eine Stelle bewirbst.

<u>In welcher Unternehmensform fühlst du dich wohl?</u>

Ist dir die Arbeit im internationalen Umfeld wichtig, möchtest du Teil von etwas Großem sein? Dann bietet sich als Arbeitgeber ein globaler Konzern an. Wenn dir Beständigkeit und Sicherheit wichtig sind und du Routine liebst, dann könntest du im öffentlichen Dienst gut aufgehoben sein. Wenn du deine Ideale mit Gleichgesinnten vertreten möchtest, dann findest du möglicherweise in einer NGO deine Bestimmung. Das sind natürlich sehr schematische Beispiele, aber ich denke, du verstehst, worauf ich hinauswill.

<u>In welcher Branche möchtest du arbeiten?</u>

Basierend auf deinen bisherigen beruflichen Erfahrungen und deinen persönlichen Interessen gibt es bestimmte Branchen, die für dich besonders attraktiv sind. Vielleicht schlägt dein Herz für die Automobilindustrie, weil du verrückt nach PS bist und privat an einem Oldtimer rumschraubst. Möglicherweise bist du Spezialistin für *Fast moving consumer goods* und möchtest auch in Zukunft in diesem Bereich tätig sein. Dieser Aspekt kann – muss aber nicht – relevant für deine Stellenauswahl sein. Falls dein Schwerpunkt eher auf Methoden als auf Industriekenntnissen liegt, dann bist du in der Wahl der Branchen natürlich flexibler.

Jörg, 53, arbeitet mit Leidenschaft in der Sanitärbranche. Als gelernter Gas- und Wasserinstallateur hat er sie kennen und lieben gelernt und ist ihr in seiner langjährigen Vertriebstätigkeit für Sanitärprodukte treu geblieben. Für Jörg war es undenkbar, sich in einem anderen Bereich zu bewerben. Seine starke Verbundenheit zu dieser Branche hat er auch in seiner Personal Brand explizit formuliert: »Mein Herz schlägt für Messing verchromt.«

Welche Unternehmenskultur ist dir wichtig?

Du hast dir bereits die Werte erarbeitet, die dir wichtig sind. Damit du dich in deiner neuen Position wohlfühlen kannst, müssen deine Werte, wenigstens zum Teil, mit denen deines neuen Arbeitgebers harmonieren. Mit den Übereinstimmungen kannst du ganz gezielt im Anschreiben und später im Bewerbungsgespräch punkten. Denn natürlich ist es auch für den Arbeitgeber wichtig, dass der neue Mitarbeiter zur Unternehmenskultur passt.

Ralf, 50, ist ein Macher. In seinen letzten Stationen in der Automobilindustrie hat er als Manager neue Themen auf die Tagesordnung gebracht und innovative Geschäftsmodelle implementiert. In seiner aktuellen Anstellung fühlt er sich durch seine Vorgesetzen ausgebremst. Ziele und Pläne sind starr vorgegeben, neue Ideen werden im Keim erstickt. Dies sorgt für eine immer größer werdende Frustration auf beiden Seiten, die ein baldiges Ende der Arbeitsbeziehung bereits erahnen lässt. Im Coaching hat Ralf für sich identifiziert, dass Innovation und Fortschritt wichtige Werte für ihn sind und ihn antreiben. Er möchte zukünftig nur in einem Unternehmen arbeiten, dessen Kultur von Innovation geprägt und das neuen Ideen gegenüber offen ist.

Wie sollte ein Unternehmen organisiert sein?

Während sich manche Mitarbeiter in einer streng hierarchischen Organisationsform sicher fühlen, werden andere dort den Freiraum vermissen, eigene Ideen selbstständig zu verfolgen und selbstverständlich über Hierarchiegrenzen hinweg offen kommunizieren zu können.

In welchen Organisationsstrukturen kannst du besonders gut und mit Freude Leistung erbringen? Sind es eher flache Hierarchien, neue, agile Arbeitsmethoden, oder bevorzugst du traditionelle Formen der Unternehmensführung?

Bevor du dich bei einem Unternehmen bewirbst, solltest du dich auch über die vorherrschende Unternehmenskultur schlau machen. Sind diese Informationen nicht bereits bei deiner Recherche zum Unternehmen zugänglich, solltest du dich spätestens im Vorstellungsgespräch danach erkundigen.

Themen

Als Ergänzung zu den Ergebnissen deiner Wissens- und Kompetenzanalyse solltest du dich damit auseinandersetzen, welche Probleme du für ein Unternehmen lösen willst.

Möchtest du das Schnittstellenmanagement in einem interdisziplinären Projekt übernehmen, liegt es dir besonders, Strategien zu entwickeln und die Umsetzung auf den Weg zu bringen, oder siehst du deine Rolle darin, für Finanzabteilungen die SAP-Strukturen zu optimieren? Je klarer für dich ist, mit welchen Themen und Aufgabenstellungen du dich in einem Unternehmen befassen möchtest, umso einfacher wird es für dich sein, dies durch deine Personal Brand klar zu kommunizieren.

Julia, 42, hat einen Master in Energiemanagement und im Laufe ihres Berufslebens unter anderem als Projektleiterin in unterschiedlichen Branchen gearbeitet. Im Coaching hat sich für sie herauskristallisiert, dass sie sich nach wie vor mit dem Thema Energie verbunden fühlt und ihre Stärke in der Kommunikation und Koordination in sehr heterogenen Projektteams liegt. Dies macht sie zum Kern ihrer Markenbotschaft.

Stefanie, Anfang 40, Vertriebsleiterin im Bereich Luxus-Heimtextilien, kam zu mir ins Coaching, weil sie ihre frühere Position als Vertriebsleiterin nicht mehr ausüben wollte – nicht mehr ausüben konnte. Ihr Körper hat ihr immer klarer signalisiert, dass der stressige Alltag im Vertrieb, die tausenden Kilometer jährlich auf der Straße, die vielen Nächte in einsamen Mittelklassehotelzimmern, ihr nicht mehr guttaten. In Meetings bekam sie Panikattacken, die sich irgendwann nicht mehr unterdrücken ließen. Im Coaching haben wir dann gemeinsam erarbeitet, welches Leben sich Stefanie eigentlich für ihre Zukunft wünscht. Jetzt ist ihr klar, dass sie auf keinen Fall mehr im Vertrieb arbeiten will, sondern als Coach und Trainerin anderen Vertriebsmitarbeitern helfen möchte, ihren herausfordernden Berufsalltag gut zu meistern. Dies ist die Grundlage für Stefanies Markenbotschaft.

Je mehr berufliche Erfahrungen du gesammelt hast, desto klarer wird es für dich sein, welche Gegebenheiten, Unternehmen und Themen zu dir passen und welche eher nichts für dich sind. Warum ist es wichtig, dass du dir auch darüber Gedanken machst, was du *nicht* willst? Wenn du dir im Vorfeld darüber im Klaren bist, dass du beispielsweise keine regelmäßige Reisetätigkeit ausführen möchtest, dann solltest du die Finger von Stellen lassen, die diese explizit ausweisen. In der folgenden Tabelle kannst du für dich deine G.U.T.-Aspekte zusammenstellen: TOP-Aspekte, die dir besonders wichtig sind, und FLOP-Aspekte, die auf keinen Fall Bestandteil der neuen Position sein dürfen.

	Gegebenheiten	Unternehmen	Themen
TOP			
FLOP			

SCHRITT 2: WOFÜR STEHST DU?

Mit dem ersten Schritt – deiner Selbstanalyse – hast du einen elementar wichtigen Baustein deiner Personal Brand erarbeitet. Deine Top-Five-Liste brauchst du als Input für den zweiten Schritt, bei dem es darum geht, die Quintessenz deiner Marke herauszuarbeiten: Wofür stehst du?

Normalerweise beantworten Bewerber diese Frage mit einer bloßen Nennung ihrer Kompetenz, zum Beispiel: »Ich bin Vertriebsexperte im Bereich Sanitäranlagen.« Die Bewerber beschreiben also, *was* sie tun oder *was* das Ergebnis ihres Tuns ist. Diese Darstellung zeigt ein eher eindimensionales Bild des Kandidaten oder der Kandidatin.

Einige Bewerber werden vielleicht noch erwähnen, was ihre Stärken sind, was ihnen bei der Ausübung des Jobs als Vertriebsexperte im Bereich Sanitäranlagen wichtig ist und was sie von anderen Mitbewerbern unterscheidet. So könnten beispielsweise ausgeprägtes Verhandlungsgeschick, Profitabilität oder eigenständiges Arbeiten genannte Attribute sein. Dadurch bekommt der Recruiter Einblicke, *wie* ein Kandidat seinen Job ausführt und erhält somit ein deutlich klareres, zumindest zweidimensionales Bild des Kandidaten.

Doch beim Personal Branding wollen wir noch mehr. Wir wollen eine dritte Dimension. Es geht darum die Frage nach dem *Warum* zu beantworten. Warum tust du, was du tust oder in anderen Worten: Welchen Sinn hat dein Tun für dich persönlich? Welche Werte und Überzeugungen treiben dich an? Was lässt dich morgens aufstehen?

Bleiben wir beim Beispiel des Vertriebsexperten für Sanitäranlagen. Aus voller Überzeugung möchte er seinen Kunden feine Wohnbäder ermöglichen, anstatt eine schnöde Nasszelle installieren zu lassen. Der Sinn in der Tätigkeit als Vertriebsexperte für Sanitäranlagen besteht für ihn also darin, Funktionalität, Design und Komfort zu vereinen. Um es auf einen Begriff zu bringen: Ihn treibt der Wert Ästhetik an.

Der Goldene Kreis

Simon Sinek, ein US-amerikanischer Autor und Unternehmensberater, hat diese drei Fragen *Was, Wie* und *Warum* in seinem Konzept des Goldenen Kreises[3] beschrieben und durch drei konzentrische Kreise veranschaulicht:

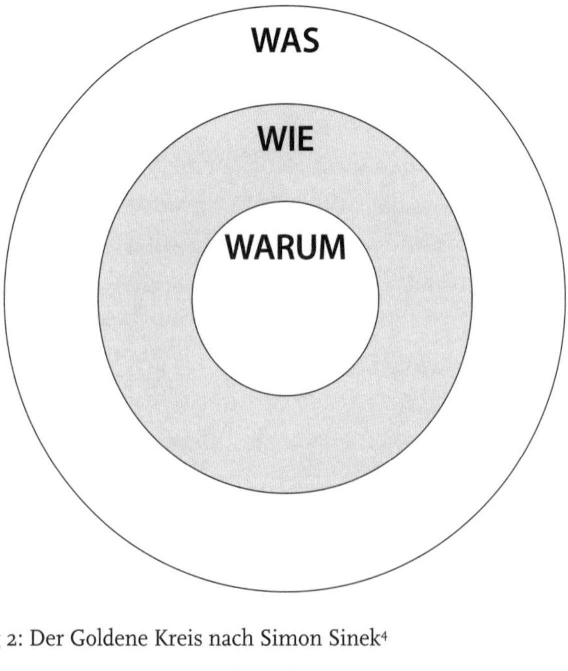

Abbildung 2: Der Goldene Kreis nach Simon Sinek[4]

Die Quintessenz von Sineks Modell besteht darin, das *Warum*, also den tieferen Sinn unseres Tuns, in den Mittelpunkt zu stellen. Seine These: Nur wenn du dein Gegenüber mithilfe deines inneren Antriebs, deiner Motivation auch emotional ansprichst, bist du erfolgreich.

»Die Menschen kaufen nicht, was du tust, sondern warum du es tust.«

Simon Sinek[5]

Und genau darum geht es auch bei deiner Personal Brand, deiner eigenen Marke. Das *Was* und das *Wie* beschreiben eher rationale Aspekte deiner Marke, die natürlich beim Bewerbungsprozess auch eine Rolle spielen. Schließlich solltest du die Kompetenzen und Fähigkeiten mitbringen, um deinen zukünftigen Job erfolgreich ausüben zu können. Das *Warum* macht den großen Unterschied, denn damit sprichst du auch die emotionale Ebene an und machst deutlich, wofür du als Person stehst und was dich antreibt. Welcher Arbeitnehmer würde nicht gern jemanden einstellen, der für sein Thema wirklich brennt und die sprichwörtliche Extrameile gehen würde?

Führen wir uns noch einmal Sineks Goldenen Kreis vor Augen. Die meisten Bewerber kommunizieren im Bewerbungsprozess, von außen nach innen. Sie fokussieren sich primär auf das *Was* und streifen, wenn überhaupt, das *Wie*. Wenn du dich erfolgreich vom Rest der Bewerber absetzen und dich als Marke präsentieren möchtest, dann sollte die Reihenfolge in deiner Kommunikation genau umgekehrt sein, nämlich von innen nach außen. Du machst also zuerst unmissverständlich klar, wofür du stehst.

Halten wir fest: Für den Aufbau deiner Marke ist es elementar wichtig, dass du die Fragen des *Warums*, des *Wie* und des *Was* beantworten und nach außen klar kommunizieren kannst.

Für das Beispiel des Vertriebsexperten könnte der Goldene Kreis folgendermaßen aussehen:

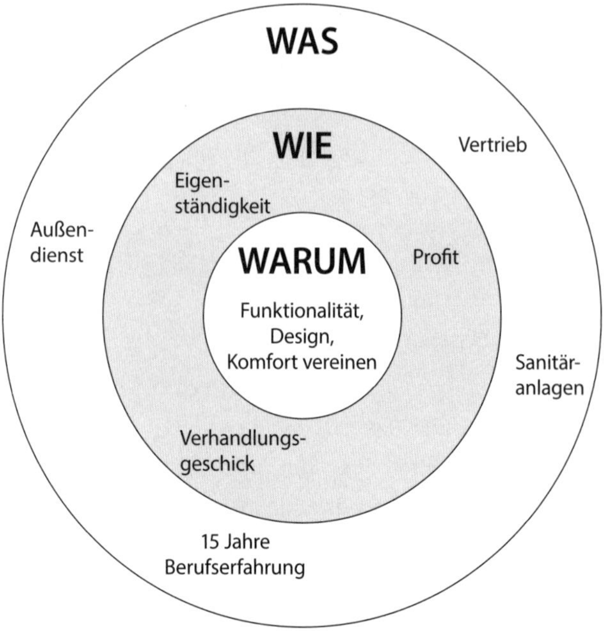

Abbildung 3: Der Goldene Kreis von Simon Sinek am Beispiel des Vertriebsexperten

Und jetzt zu dir: Wie sieht dein Goldener Kreis aus? Die gute Nachricht: Im vorigen Kapitel hast du bereits alle Bausteine erarbeitet, die du für das Ausfüllen deines ganz eigenen Kreises brauchst.

Fangen wir mit dem *Was* an. Welchen Beruf möchtest du ausüben? In welcher Branche, in welchen Bereichen möchtest du unterwegs sein? Mit welchen Produkten und Dienstleistungen möchtest du zu tun haben? Trage alle relevanten Begriffe in den äußeren Kreis ein.

Nun kommen wir zum *Wie*. Wie arbeitest du? Was sind deine spezifischen Stärken und Eigenschaften? Über welche besonderen Kompetenzen verfügst du? Was ist dir bei deiner Arbeit wichtig? Trage alle relevanten Begriffe in den mittleren Kreis ein.

Jetzt kommen wir zum Herzstück deines Goldenen Kreises: zu deinem Markenkern, dem *Warum*. Dies ist zugleich der schwierigste und wichtigste Teil der Übung. Um dich deinem Warum zu nähern, beantworte bitte folgende zehn Fragen:

1. Was machst du mit Leidenschaft?
2. Welche Werte treiben dich an?
3. Was zieht sich wie ein roter Faden durch alle Tätigkeiten, die dir besonders viel Freude gemacht haben?
4. In welchen Aufgaben gehst du vollkommen auf?
5. Womit möchtest du in dieser Welt Spuren hinterlassen?
6. Was möchtest du bewirken?
7. Was ist dir im Leben besonders wichtig?
8. Welche berühmte Persönlichkeit bewunderst du aus welchen Gründen?
9. Was ist für dich in deiner Arbeit sinnvoll?
10. Wofür brennst du?

Vielleicht fällt dir nicht zu allen Fragen eine Antwort ein, das ist vollkommen in Ordnung. Ein paar Stichpunkte wirst du aber bestimmt gesammelt haben.

Falls du dich fragst, warum deine Stichpunkt-Sammlung sich noch nicht so rund und prägnant anhört wie zum Beispiel »Funktionalität, Design und Komfort vereinen«, kann ich dich beruhigen. Dieses Destillat ist das Ergebnis eines Prozesses, den wir jetzt gemeinsam durchlaufen werden. Wir machen uns hierbei die aus dem Qualitätsmanagement stammende 5W-Methode zunutze, durch die man anhand von wiederholten Warum-Fragen (bis zu 5-mal hintereinander) einer Sache ganz gut auf die Spur kommt. Lustigerweise steht das W bei dieser Methode ebenfalls für *Warum*, das soll uns jedoch nicht weiter kümmern. Und genauso gehen wir bei den Antworten der 10 Fragen vor.

Wir bleiben noch einen Moment bei unserem Beispiel des Vertriebsexperten für Sanitäranlagen, der zu den einzelnen Fragen folgende Antworten gegeben hat:

1. »Verkaufen«
2. »Ästhetik, Funktionalität.«
3. »Konkrete Planung des Bades mit dem Kunden.«
4. »Planung von Kundenbädern.«
5. »Die Welt schöner machen.«
6. »Dass sich Menschen wohlfühlen, die Kunden mit innovativen Ideen überraschen.«
7. »Zufriedene Kunden und Geschäftserfolg.«
8. »Wolfgang Joop, weil er als Deutscher tragbare Designermode gemacht hat.«
9. »Ein sinnvoll geplantes, individuelles Bad, in dem sich der Kunde wohlfühlt.«
10. »Kunden durch besondere Sanitäranlagen begeistern.«

Um uns dem *Warum* unseres Vertrieblers schrittweise anzunähern, gehen wir mit der 5W-Methode exemplarisch auf die Punkte 1 und 8 ein.

Auf die erste Frage, »Was machst du mit Leidenschaft?«, hat unser Vertriebsexperte mit »*Verkaufen*« beantwortet. Wir wollen es aber genauer wissen und fragen nach:

- Erstes *Warum*: »Warum verkaufst du mit Leidenschaft?«
  Antwort: »Weil ich es liebe, dem Kunden einen Mehrwert zu bieten, und gleichzeitig Profit generieren möchte.«
- Zweites *Warum*: »Warum bietest du dem Kunden Mehrwert?«
  Antwort: »Weil der Kunde nicht nur ein funktionales Bad mit den neuesten technischen Features, sondern auch mit dem auf sein Haus abgestimmten Design bekommt.«

- Drittes *Warum*: »Warum bekommt der Kunde sowohl technische Features als auch Design?«
  Die Antwort: »Weil mir die Symbiose zwischen Design und Funktionalität so wichtig ist und ich möchte, dass sich meine Kunden in ihrem Bad wohlfühlen.«

Die Quintessenz aus den Antworten dieser Fragen lautet daher: Symbiose aus Design, Funktionalität und Wohlfühlen.

Auf die achte Frage, »Warum bewunderst du Wolfgang Joop?«, antwortete er: »Weil er nicht überkandidelt war, sondern Alltagstauglichkeit mit Design verbunden hat.«

Auch bei dieser Antwort ergibt sich als Quintessenz die Kombination aus Alltagstauglichkeit und Design.

Wenn wir uns nun die Antworten auf die anderen acht Fragen ansehen, so erkennen wir, dass Ästhetik, Funktionalität, Schönheit und Wohlfühlen offenbar wichtige Werte für unseren Sanitärexperten sind. Sein *Warum* ergibt sich daher aus dem Umstand, Funktionalität, Design und Komfort vereinen zu wollen.

Wenn du nun deine Antworten auf die zehn Fragen analysierst, werden dir bestimmt auch sich wiederholende Begriffe auffallen. Vielleicht ist es wie im vorangegangenen Beispiel sehr eindeutig, eventuell ergeben sich für dich auch zwei oder sogar drei *Warums*. Das ist okay. Um schlussendlich tatsächlich zu einem einzigen *Warum* zu gelangen, kannst du deine Ergebnisse priorisieren. Welches Warum ist dir am wichtigsten? Wenn du diese Frage klar beantworten kannst, dann hast du dein wahres *Warum* gefunden. Fällt dir die Auswahl im Moment noch etwas schwer, dann schreib gerne mehrere deiner *Warums* in den inneren Kreis. Wir werden in den nächsten Übungen noch einmal darauf zurückkommen.

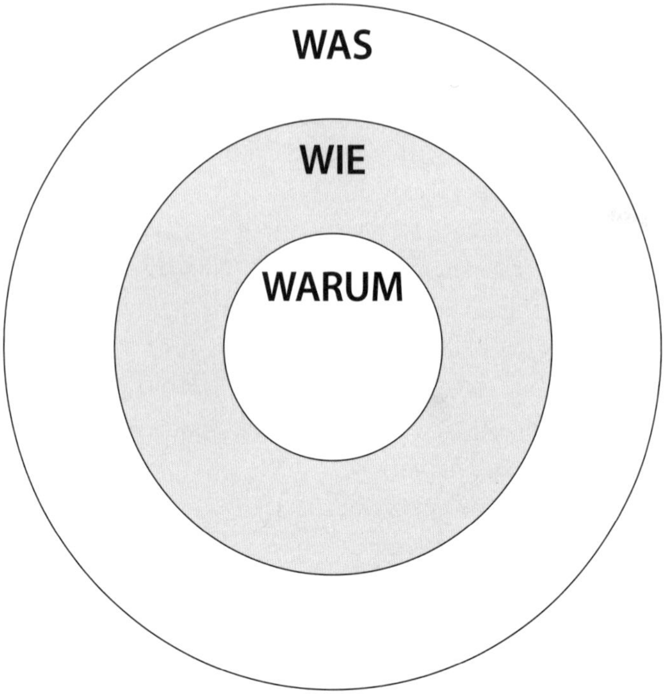

Abbildung 4: Vorlage zur Erarbeitung deines *Warums*

Dein persönliches Brand-Statement

Großartig, jetzt hast du bereits die Antriebsfeder deiner Marke gefunden und deinen ganz persönlichen goldenen Kreis erarbeitet. Diese Erkenntnis werden wir nun nutzen, um dein persönliches Brand-Statement zu formulieren.

Ein Brand-Statement beschreibt in ein bis zwei prägnanten Sätzen, was dich als Marke ausmacht. Es wird dir helfen, dich im Bewerbungsprozess und darüber hinaus klar zu positionieren. Folgende Kriterien sollte ein gutes Brand-Statement erfüllen:

1. Es beschreibt eine Person, in unserem Fall DICH.
2. Es ist einfach formuliert, beinhaltet somit keine spezifischen Fachtermini.
3. Es weckt Interesse bei der relevanten Zielgruppe.

Dein Brand-Statement sollte folgende Aspekte beinhalten:

- Welchen Nutzen lieferst du, welche Probleme löst du?
- Wem hilfst du, wessen Problem löst du?
- Was ist dein Alleinstellungsmerkmal?

Betrachten wir nun bespielhaft das Brand-Statement unseres Vertriebsexperten für Sanitäranlagen. Seinen Goldenen Kreis konnten wir bereits definieren. Darauf aufbauend lautet sein Personal-Brand-Statement wie folgt:

»Meine Leidenschaft ist es, Funktionalität, Design und Komfort in individuellen Badlösungen zu vereinen. Als Vertriebsexperte für Sanitäranlagen mit langjähriger Berufserfahrung verhelfe ich Kunden zu ihrem Traumbad, ohne dabei die Profitabilität aus den Augen zu verlieren.«

Dieses Personal-Brand-Statement besteht aus zwei Sätzen, beschreibt eine Person, ist einfach formuliert und weckt Interesse, mehr über die Person zu erfahren.

Außerdem beinhaltet es alle für ein Personal-Brand-Statement relevanten Aspekte:

- **Generierter Wert:** individuelle Badlösungen, Traumbad, Profitabilität
- **Empfänger:** Endkunde
- **Alleinstellungsmerkmal:** Funktionalität, Design und Komfort vereinen.

Jetzt bist du an der Reihe. Wie lautet dein ganz individuelles Brand-Statement? Setz dich nicht unter Druck, gleich beim ersten Versuch ein perfekt ausformuliertes Brand-Statement zu Papier bringen zu wollen. Das klappt in den wenigsten Fällen. Das Erarbeiten des Statements ist ein Prozess.

- Beginne damit, einen ersten Textentwurf zu formulieren. Die Länge spielt zunächst keine Rolle.
- Lies dir den Text anschließend noch einmal in Ruhe durch und prüfe ihn auf folgende Fragen:
  - Sind die Aspekte »generierter Wert«, »Empfänger«, »Alleinstellungsmerkmal« klar formuliert?
  - Beschreibt der Text dich und ist demnach auf keine andere Person anwendbar?
  - Ist der Text einfach und verständlich formuliert?
  - Weckt er Interesse?
- Lies dir den Text noch einmal durch. Hast du bereits die bestmögliche Formulierung gefunden?
- Ist der Text kurz genug, besteht er also aus maximal zwei Sätzen? Wenn nicht, passe den Text dementsprechend an.
- Reiche den Text an fünf Personen aus deinem Umfeld weiter. Finden dich die Personen in dem Text wieder? Weckt dein Text Interesse? Arbeite ihre Anmerkungen in deinen Text ein.

Nun hast du es geschafft. Dein persönliches Brand-Statement liegt vor dir. Folgende Beispiele für Personal-Brand-Statements könnten eine Inspiration für dich sein:

Alex, 34, Produktionsleiter eines kleinen Fernsehsenders:

»Ich wecke Emotionen, indem ich mit bewegten Bildern Geschichten erzähle. Diese Projekte plane und kalkuliere ich exakt und habe während der Produktionen immer ein offenes Ohr für das Team.«

Rainer, 52, Werkleiter:

»Als Werkleiter aus Leidenschaft habe ich immer das Ganze im Blick. Dank meiner Hands-on-Mentalität, kombiniert mit strategischem Weitblick, liefere ich praktikable Lösungen zur Produktivitätssteigerung und Kostenoptimierung.«

Christiane, 42, Journalistin:

»Fakten checken, Geschichten aufdecken -- Klarheit schaffen für den Leser ist mein größter Ansporn. Dabei gehe ich auch einmal ungewöhnliche Wege und bleibe dran, bis das Ergebnis stimmt.«

Dein Personal-Branding-Statement:

SCHRITT 3: WAS IST DEINE MARKE?

Im zweiten Schritt, deinem Personal-Brand-Statement, hast du das Herzstück deiner Marke definiert. Du hast eine Formulierung gefunden, die beschreibt, wofür du stehst und was dich ausmacht. In diesem Kapitel beschäftigen wir uns damit, wie du deine Marke authentisch kommunizieren kannst.

Alles, was du über deine Marke transportieren möchtest, sollte klar, konsistent und konsequent kommuniziert sein. Was heißt das? *Klarheit* bedeutet, dass deine Markenbotschaft für jeden klar und verständlich ist. *Konsistent* heißt, dass du mit deiner Marke immer die gleiche Markenbotschaft übermittelst und nicht von deinem Kurs abweichst. Hinter *Konsequenz* verbirgt sich, dass du in allen Situationen deine Markenbotschaft kommunizierst und keine Möglichkeit auslässt, dich gemäß deines Personal-Brand-Statements zu verhalten.

Das gelingt, indem du tief in deine Marke eintauchst und dir überlegst, wie du nach außen hin wirken möchtest. Denn für deinen gesamten Markenauftritt – das betrifft sowohl deine Bewerbungsunterlagen als auch soziale Plattformen und ähnliches – brauchst du ein einheitliches, konsistentes Bild, das deine Marke adäquat zum Ausdruck bringt.

Mit allen fünf Sinnen

Stell dir vor, du könntest deine Marke mit allen fünf Sinnen wahrnehmen.

- Wonach riecht deine Marke? Wäre der Geruch eher blumig oder holzig? Riecht deine Marke wie altes Leder oder nach Moschus?
- Wie fühlt sich deine Marke an? Hat sie eher eine glatte, kühle Oberfläche, ist sie weich und elastisch?
- Wie schmeckt deine Marke? Ist sie eher süßlich oder scharf?
- Wie hört sich deine Marke an? Hat sie eher einen leisen, zarten Klang, ist sie eher laut und schrill?
- Wie sieht deine Marke aus? Sieht sie luxuriös und elegant aus? Wirkt sie eher sportlich?

Schreibe im ersten Schritt alle Gedanken und Assoziationen auf, die dir in Bezug auf deine Marke zu den einzelnen Sinnen einfallen.

Betrachten wir hierzu wieder unser Beispiel von Alex, 34, dem Produktionsleiter eines kleinen Fernsehsenders. Sein Brand-Statement lautet: »*Ich wecke Emotionen, in dem ich mit bewegten Bildern Geschichten erzähle. Diese Projekte plane und kalkuliere ich exakt und habe während der Produktionen immer ein offenes Ohr für das Team.*«

Alex hat folgende sinnliche Assoziationen mit seiner Marke festgehalten:

Sinn	**Assoziationen**
Riechen	hölzern, herb, frisches Gras
Fühlen	warm, ledrig, nachgiebig
Schmecken	nussig, herb, vollmundig
Hören	warmer Ton, tiefe Tonlage, eher leise
Sehen	natürlich, locker, schön

Eventuell bist du über die eine oder andere Beschreibung überrascht. Wie soll eine Marke denn bitte riechen, geschweige denn schmecken? Zugegeben, bei dieser Übung ist Fantasie gefragt und auch ein gewisses Abstraktionsvermögen. Die Arbeit lohnt sich aber auf jeden Fall, denn die Ergebnisse verhelfen dir zu einem authentischen, sehr individuellen Markenauftritt. Hol dir bei dieser Übung gern Unterstützung von Freunden oder Familie.

Sobald du deine Assoziationen zu den einzelnen Sinneswahrnehmungen gesammelt hast, kannst du diese in konkrete Attribute für deinen Markenauftritt übersetzen.

Hierbei gibt es eine Fülle von Möglichkeiten, deiner Marke auch in visueller Form Ausdruck zu verschaffen.

Layout

Für deine Bewerbungsunterlagen – also dem Anschreiben und Lebenslauf – solltest du ein einheitliches, auf deine Marke zugeschnittenes Layout wählen. Mit einer professionellen und zugleich individuellen Aufmachung der Unterlagen signalisierst du auf den ersten Blick, dass du für etwas stehst und dies auch nach außen kommunizierst.

Es gibt sogar eine wissenschaftliche Studie aus dem Jahr 2010 darüber, dass das Layout einer Bewerbung signifikanten Einfluss auf den Auswahlprozess hat.[6] Ein Grund mehr, dich intensiv mit dem Layout zu beschäftigen. Auf den Kreativ-Homepages von www.dribbble.com und www.behance.net findest du individuelle Vorlagen, die eine Inspiration für deine Bewerbungsunterlagen sein können. Gib in die Suchfunktion die englischen Begriffe »resume« (Anschreiben) oder »CV« (Lebenslauf) ein, dadurch erzielst du bei deiner Suche mehrere Treffer.

Falls du online kein passendes Layout für deine Bewerbungsunterlagen findest, solltest du darüber nachdenken, deine eigene Vorlage zu entwerfen oder dir von Profis ein individuelles Layout designen zu lassen.

Farbe

Auch bei der Auswahl der Farben für deine Bewerbungsunterlagen solltest du dir Gedanken machen. Die von dir gewählte Farbe sollte zu deiner Markenbotschaft passen.

Viele nutzen blau als Akzentfarbe in ihren Bewerbungsunterlagen. Das liegt sicherlich auf der einen Seite daran, dass die Farbe Blau in weltweiten Umfragen tatsächlich am häufigsten als Lieblingsfarbe bezeichnet wurde und auf der anderen Seite aber auch mit Sachlichkeit, Autorität, Intelligenz und Wissen assoziiert wird.

Doch auch mithilfe anderer Farben kannst du klare Akzente setzen. So assoziieren die meisten Menschen mit bestimmten Farbtönen ähnliche Eigenschaften, wie beispielsweise:

- Weiß: Reinheit, Klarheit
- Schwarz: Macht, Strenge, Leistungswillen, Ernst
- Gelb: Aktivität, Entfaltung, positive Haltung, Freiheitsstreben, Neugier, Spontaneität, Offenheit, Kreativität, Heiterkeit
- Orange: Aktivität, Kreativität, Produktivität, Entschlossenheit
- Rot: Energie, Leidenschaft, Selbstbewusstsein, Stärke, Vitalität, Dynamik
- Pink: Charme, Hingabe, Einfühlungsvermögen, Faszination
- Violett: Extravaganz
- Grün: Natur, Frische, Würde, Ausdauer, Autonomie, Ehrgefühl, Autorität, Wachstum, Ruhe
- Braun: Reife, Wärme, Abenteuerlust, Genuss, Sinnlichkeit, Sanftmut
- Grau: Seriosität, Nüchternheit, Neutralität, Distanz[7]

Außerdem kannst du immer mit Helligkeit und Sättigung spielen. Laut einer Studie von L. Labrecque und G. Milne[8] haben Sättigungsgrad und Helligkeit ebenfalls einen Einfluss auf die Wirkung einer Farbe:

	Niedrig	**Hoch**
Helligkeit	Kompetenz	Ehrlichkeit Attraktivität
Sättigung	Attraktivität	Temperament Kompetenz

So heißt es beispielsweise, eine Farbe mit niedriger Farbsättigung wirke attraktiver, strahle allerdings weniger Kompetenz aus als die gleiche Farbe mit hoher Sättigung. Eine dunklere Farbe wirke hingegen kompetenter, wobei eine hellere Farbe mit Ehrlichkeit und Attraktivität in Verbindung gebracht wird.

Durch eine harmonische Kombination mehrerer Farben erzielst du deinen ganz individuellen Markenauftritt. Eine tolle Quelle der Inspiration ist die Farbsuchmaschine picular (https://picular.co), deren Erkenntnisse auf der Auswertung der Google-Bildsuche zu einem spezifischen Begriff basiert. Gibst du zum Beispiel »Leidenschaft« in die Suchfunktion von picular ein, so wird dir ein entsprechendes Farbspektrum mit den jeweiligen Farbcodes zu diesem Begriff angezeigt. Auf dieser Grundlage kannst du dir deine ganz eigene Farbkombination für deine Marke zusammenstellen.

Eine weitere hilfreiche App, um die Farbpalette für deine Marke zu erarbeiten, ist coolors (https://coolors.co). Hier findest du eine Vielzahl an Farbpaletten für deine Markenfarbe und kannst eigene Farbpaletten generieren.

Schriftart

Sollte dir bei Word keine Schriftart wirklich zusagen, die deinen Markenattributen entspricht, so findest du online viele weitere Schriften zum Download.

Generell gibt es zwei Arten von Schriften: Schriften mit Serifen und Schriften ohne Serifen. Als Serifen bezeichnet man die kleinen

Endstriche an den Buchstaben. Sie erhöhen die Lesbarkeit, weil sie das Auge führen. Deshalb werden sie häufig bei längeren Texten, zum Beispiel in Büchern, eingesetzt. Schriftarten mit Serifen wirken eher gediegen und traditionell.

Serifenlose Schriften muten eher dynamisch und modern an. Sie werden meist für kurze Texte wie Werbetexte verwendet, weil sie klarer im Schriftbild sind und ausdrucksstärker wirken. Bei der Wahl deiner Schrift solltest du natürlich auch auf die Lesbarkeit achten. Außerdem wirken zu auffällige, verspielte oder schlecht lesbare Schriften unprofessionell.

Bewerbungsfoto

Anhand deines Bewerbungsfotos, das du gleichzeitig auch als Profilfoto für LinkedIn und XING nutzen kannst, wird sich der Betrachter im wahrsten Sinne des Wortes ein erstes Bild von dir machen können. Umso wichtiger ist es, dass dieses Foto ausdrückt, wofür du stehst und Ausdruck deiner Persönlichkeit ist.

Welche Botschaft möchtest du vermitteln? Dies sollte sich in deiner Körpersprache, deinem Outfit und dem Stil deines Fotos ausdrücken. Damit dies gelingt, solltest du immer zu einem professionellen Fotografen gehen – ein Selfie oder ein Handybild eignen sich definitiv **nicht** als Bewerbungsfoto.

Interview mit Maren Kolf, Fotografin

Urte: *Maren, wie wichtig ist das Bewerbungsfoto als Bestandteil der Bewerbungsmappe?*
Maren: *Das Bewerbungsfoto ist immer noch sehr wichtig, obwohl es heutzutage ja in der Bewerbung weggelassen werden kann. Das Foto kann ein Türöffner oder eben auch ein Türschließer sein. Wenn jemand beispielsweise ein 08/15- oder schlimmer – ein biometrisches*

Foto als Bewerbungsfoto verwendet, dann könnte derjenige, der die Bewerbung liest, mangelnde Wertschätzung empfinden. Und wenn eine Person sich ein gepflegtes Bewerbungsbild machen lässt, sich Mühe gibt und sich sagt: »Ich investiere in mich, das heißt, in ein absolut tolles Porträt«, signalisiert er gleich doppelt Wertschätzung: sich selbst und dem zukünftigen Arbeitgeber gegenüber.

Und umso spannender das Foto ist, umso mehr kann man sich authentisch über die eigentliche Qualifikation hinaus präsentieren und seine Persönlichkeit zeigen. Stell dir vor, du sitzt vor einem Bewerbungsstapel und auf der linken Seite liegen noch ungefähr 250 Mappen, rechts hast du erst zwei geschafft. Wenn du auf diesen Stapel guckst, hast du schon die Schnauze voll. So viel Kaffee kann man gar nicht zapfen, dass das lustig ist. Wenn man dann eine Mappe aufklappt und da ist ein interessantes Foto, das neugierig macht, stellt sich für den Personaler die Frage: »Was hat er mir denn zu sagen?« Das heißt, diese Person guckt ganz anders auf den Text, allein durch das Foto beeinflusst. Mit dem Bewerbungsfoto gibt man dem Leser der Unterlagen ein Signal. Ein Foto ist eine Form der nonverbalen Kommunikation.

Urte: *Jetzt hast von »einem tollen Porträt« gesprochen. Wie würdest du denn ein tolles Porträt definieren? Wann ist ein Bild toll?*
Maren: *Wenn man mehr als eine Sekunde auf ein Foto gucken möchte, dann ist es ein tolles Bild.*

Urte: *Und wie kriegst du es hin, dass du tolle Fotos von deinen Klienten und Kunden schießt?*
Maren: *Indem ich zunächst mit ihnen spreche. Und ja, ich stelle Fragen, die sie manchmal auch an den Rand des Wahnsinns bringen, wie zum Beispiel: »Wie stellen Sie sich Ihren Arbeitstag vor?«, und lasse die Kunden erzählen, was sie sich von dem neuen Job erhoffen. So bekomme ich einen fröhlichen, authentischen Gesichtsausdruck.*

Auf Kommando freundlich schauen können die wenigsten. Das sieht man sofort: Die Augen passen dann nicht mit dem Mund zusammen.

Urte: *Wie wichtig ist dieses »Echt-sein« auf Bewerbungsfotos?*
Maren: *Das ist sehr wichtig. Das heißt für mich als Fotografin, dass ich einer 60-Jährigen auch nicht alle Falten wegretuschiere. Wenn überhaupt, mache ich das Foto ein bisschen heller. Temporäre Pickel oder ähnliches retuschiere ich natürlich weg, eine Narbe allerdings nicht. Allerdings: Den Glanz in den Augen verstärke ich bewusst.*

Urte: *Wie alt darf das Bild maximal sein?*
Maren: *Als Daumenregel dürfen es drei Jahre sein, wenn man noch so aussieht, wie man auf dem Foto aussieht. Das passt schon. Aber mal ehrlich, wenn ich mich beruflich verändern will, dann will ich doch innerlich die Ärmel hochkrempeln. Ja, und dann krempele ich die Ärmel nicht hoch, wenn ich ein altes Bild für die Bewerbungsunterlagen benutze. Wenn ich etwas Neues erreichen will, dann darf ich auch überall neue Wege gehen. Man sollte sich die Frage stellen »Wo will ich hin, was passt dazu? Was wäre mein idealer Arbeitgeber, wie tickt er?« Und wenn ich den mit meinem Bild begeistern kann, habe ich viel erreicht.*
Wenn der Kunde ein Schlips- und Kragenträger ist, dann setzen ein witziges Einstecktuch und eine passende Krawatte dazu interessante Akzente. Frauen fotografiere ich wahnsinnig gerne komplett schlicht. Also das Gegenteil von bunt und dafür mit einem total tollen Ausdruck. Auch mit dem Bildausschnitt spiele ich, um Spannung zu erzeugen, beispielsweise schneide ich manchmal die Köpfe an.

Urte: *Wie kann ich mich denn idealerweise auf ein Bewerbungsfoto vorbereiten, wenn ich eines von mir machen lassen will? Worauf muss ich achten? Wie überlege ich, welches Outfit ich trage und wie das Setting sein soll?*

Maren: *Für das Bewerbungsfoto sollte ich etwas anziehen, worin ich mich richtig super fühle, und Kleidungsstücke wählen, die das, was ich von meiner Persönlichkeit zeigen möchte, zum Ausdruck bringen. Wenn sich beispielsweise eine Frau selbstbewusster fühlt, wenn sie halterlose Strümpfe anhat, dann soll sie das drunter anziehen. Manche ziehen sich Schuhe mit hohen Absätzen an, weil sie dann anders stehen. Hauptsache, es ist eine Präsenz da.*

Urte: *Wie finde ich den passenden Fotografen für mich?*
Maren: *Das hängt rein vom Sympathiefaktor ab. Ich würde googeln, die Website des Fotografen anschauen und wenn einem die Bilder gefallen, top. Jedes Foto zeigt die Persönlichkeit des Fotografen. Man sieht an den Bildern, wie stark und vor allem wie sie bearbeitet sind. Umso klarer der Fotograf mit sich selber ist, umso klarer sind die Fotos. Wenn ich ein wirklich einmaliges Bild haben möchte, dann muss die Chemie stimmen. Ob dem so ist, kann ich durch ein Telefonat klären.*

Urte: *Zum Thema Hintergründe und Location gibt es ja auch interessante Trends. Es scheint schick zu sein, dass Leute sich im Hausflur fotografieren lassen oder im Büro oder vor verspiegelten Häuserfassaden. Was geht, was geht nicht in deinen Augen? Und wie finde ich den richtigen Hintergrund für mein Bewerbungsbild?*
Maren: *Arbeite ich beispielsweise mit einem Architekten, dann fotografiere ich ihn vor einem geilen Gebäude, ohne dass man erkennen kann, um was für ein Gebäude es sich handelt. Aber da dürfen Linien dahinter sein, da darf es nach Architektur aussehen. Da kann man mit Glas und Stahl arbeiten. Das macht hier Sinn. Aber eben nur sehr unscharf. Denn ich will ja nicht die Architektur fotografieren, sondern diesen Menschen. Grundsätzlich darf das Bewerbungsbild nicht aufgrund des Hintergrundes wirken, sondern aufgrund des Porträts. Das ist ganz wichtig. Der Hintergrund darf komplett schlicht sein oder unscharf.*

Urte: *Was wäre dein Rat, wenn ich Bewerbungsfotos machen würde?*
Maren: *Ich würde mir Zeit nehmen für dieses Shooting. Und die Fotos nicht abgehetzt nach Feierabend, auf den letzten Drücker machen lassen.*

Kehren wir nach diesem kleinen Exkurs zurück zu unserem Beispiel Alex. Für seinen Markenauftritt ergeben sich folgende Attribute:

Sinn	Assoziationen	Markenauftritt
Riechen	hölzern, herb, frisches Gras	warme, gedeckte Farben; natürliche Materialien
Fühlen	warm, ledrig, nachgiebig	dynamische, eher geschwungene Stilmittel; strukturiertes Papier
Schmecken	nussig, herb, vollmundig	verbindliche Sprache
Hören	warmer Ton, tiefe Tonlage, eher leise	warme, gedeckte Farben; natürliche Materialien
Sehen	natürlich, locker, schön	leichtes Design, nicht überfrachtet; Eher weiche Schrift, wie zum Beispiel Fira Sans; Bewerbungsfoto mit offenem Gesichtsausdruck, Kleidung nicht zu formell

Angewandt auf Alex Bewerbungsunterlagen bedeutet das, dass er ein Farbschema mit warmen, gedeckten Farben wählen wird. Das Design von Lebenslauf und Anschreiben wird er sehr dezent halten, maximal mit leichten, geschwungenen Designelementen versehen.

Auch bei der Wahl der Schriftart wird er seine Markenattribute beachten und sich für eine eher weiche Schriftart entscheiden.

In den Formulierungen wird Alex sich für eine verbindliche Sprache entscheiden, um seiner Marke gerecht zu werden.

Für den Fall, dass er Bewerbungsunterlagen in Papierform einreicht oder eine Visitenkarte drucken lässt, wird er hochwertiges, strukturiertes Papier in einem leicht gebrochenen weiß, eventuell sogar Creme-Ton wählen.

Das Bewerbungs- und Profilfoto wird Alex mit einem offenen Gesichtsausdruck zeigen. Seine Kleidung ist dabei nicht allzu formell, ein Businesshemd mit offenem Kragen reicht aus.

Diese Attribute lassen sich natürlich auch auf andere Kommunikationsmittel übertragen, zum Beispiel auf das XING- oder LinkedIn-Profil, die eigene Homepage oder den Blog und auf Vorlagen für Präsentationen.

In der folgenden Tabelle kannst du Ideen zu deiner Marke sammeln.

Sinn	**Assoziationen**	**Markenauftritt**
Riechen		
Fühlen		
Schmecken		
Hören		
Sehen		

SCHRITT 4: WER IST DEINE ZIELGRUPPE?

In Schritt eins bis drei haben wir uns mit dir, deiner Marke und deinen Markenattributen beschäftigt.

Du hast mit deinem Brand-Statement eine klare Beschreibung dessen erarbeitet, wofür du stehst.

Außerdem hast du dir mittels der G.U.T-Übung vergegenwärtigt, wie dein zukünftiger Traumjob aussehen soll und wie eben nicht.

Mit diesem klaren und zielgerichtet formulierten Profil wirst du perfekt für bestimmte Stellen passen, für andere nicht. Denn auch das sollte dir klar sein: Die Erstellung deiner Personal Brand bedeutet *nicht*, dass du auf jede beliebige Stelle passt, sondern dass du genau formulieren kannst, für welche spezielle Stelle du der perfekte Kandidat oder die perfekte Kandidatin bist. Und diese speziellen Stellen gilt es zu finden.

Um an deinen Traumjob zu kommen, müssen die entsprechenden Entscheider in den von dir favorisierten Unternehmen auf dich aufmerksam werden. Meist wird die Vorauswahl potenzieller Kandidaten von Personalsachbearbeitern getroffen.

Deswegen ist es hilfreich zu verstehen, wie Personalsachbearbeiter bei der Suche nach geeigneten Kandidaten vorgehen. Einen schönen Einblick in die gängigen Recruiting-Methoden von Unternehmen liefert das Recruiting-Prisma[9]. Es zeigt auf, welche verschiedenen Kanäle Personalern bei der Suche nach geeigneten Kandidaten zur Verfügung stehen.

Hierbei sind fünf Hauptsegmente zu unterscheiden:

1. **Media & More**: Dies sind die Medien, die du wahrscheinlich zum Teil bereits nutzt, um nach einer Stelle zu suchen, zum Beispiel klassische Stellenanzeigen in Printmedien und Jobmessen.
2. **Reputation & Legal**: Hierzu zählen Portale und Plattformen, auf denen (ehemalige) Mitarbeiter ihre Arbeitgeber bewerten und mögliche Kandidaten für offene Stellen empfehlen können.
3. **Job Boards**: Hier finden sich die Online-Jobbörsen wieder.
4. **Communication**: Dort sind unter anderem Apps für die Jobsuche gelistet.
5. **Social Networks**: Damit sind die Klassiker wie LinkedIn, XING und Facebook gemeint.

Mit dem Wissen, welche Kanäle von Personalsachbearbeitern für geeignete Bewerber genutzt werden, kannst du ganz gezielt auf Stellensuche gehen. Du solltest hierbei möglichst mehrere Kanäle bespielen.

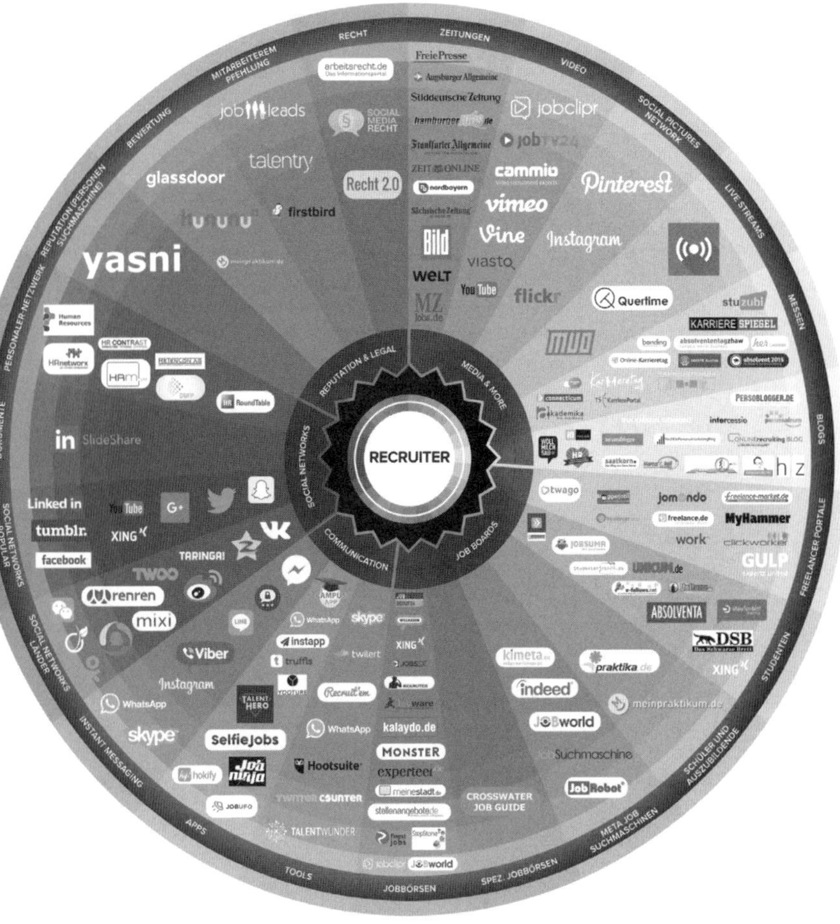

Abbildung 5: Das Recruiting Prisma.[10]

Annähernd hundert Prozent meiner Klienten haben sich vor Beginn des Coachings bei der Stellensuche auf die gängigen Internet-Jobbörsen konzentriert und waren frustriert, nicht sofort zum Ziel zu gelangen. Wenn man sich die Statistik der Stellenbesetzungen anschaut, ist das allerdings kein Wunder, denn gerade einmal 15 Prozent der Stellen werden statistisch betrachtet über Internet-Jobbörsen besetzt.[11]

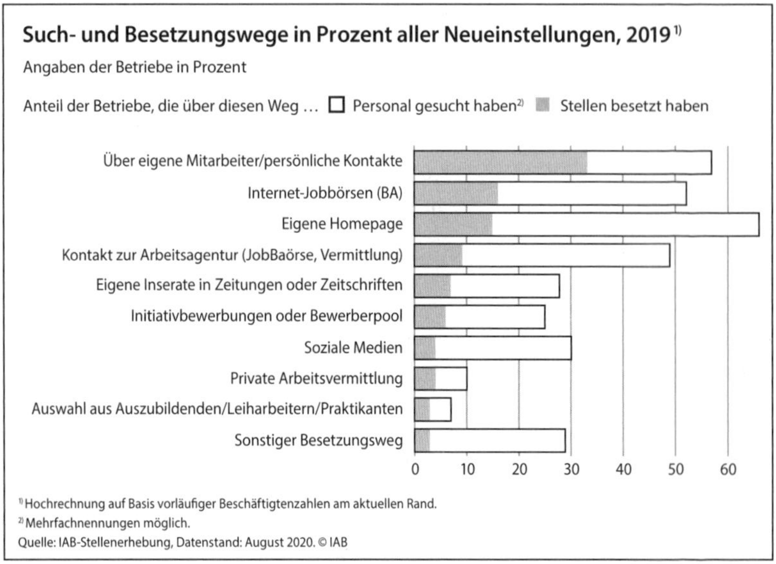

Abbildung 6: Wege der Personalrekrutierung Quelle: IAB 2020

Meine Klienten haben demnach bis zu 85 Prozent des Arbeitsmarkts außer Acht gelassen. Damit dir es nicht so ergeht und du deine Chancen bestmöglich nutzt, schauen wir uns die verschiedenen Möglichkeiten der Stellensuche im Detail an.

Online-Stellenbörsen

Monatlich werden um die 77 Millionen Stellenanzeigen auf über 1.200 Jobportalen in Deutschland veröffentlicht.[12] Damit ist klar, dass wir diesen Kanal bei der Stellensuche nicht außer Acht lassen dürfen. Um die Vielzahl der Portale etwas zu strukturieren, können wir sie in drei Arten unterscheiden:

- Generalisten wie StepStone, Jobleads oder meinestadt.de, die eine Vielzahl von unterschiedlichen Branchen und Funktionen jedweder Hierarchiestufe bedienen.

- Spezialisten, die sich auf Jobs einer spezifischen Branche konzentrieren, so zum Beispiel jobvector für Ingenieure, Informatiker, Mediziner und Naturwissenschaftler oder jobs.automobilwoche.de mit Stellen rund um die Automobilindustrie. Unter https://crosswater-job-guide.com/jobboersen/zielgruppen-branchen-berufe/ kannst du sowohl national als auch international nach Jobbörsen für unterschiedliche Branchen und Zielgruppen suchen.
- Jobbörsen, die sich auf eine bestimmte Zielgruppe wie Studenten, Absolventen und Young Professionals spezialisiert haben, so zum Beispiel das Staufenbiel Institut oder Absolventa.

Wenn du effizient vorgehen und Zeit sparen möchtest, dann bieten sich Jobcrawler wie kimeta, Jobrapido oder Jobworld an. Diese aggregieren Stellenanzeigen von unzähligen Jobbörsen und zum Teil sogar Stellenanzeigen von Unternehmenshomepages und stellen sie komprimiert zur Verfügung.

Explizit erwähnen möchte ich die neue Google-Funktion *Google for Jobs*, die seit Ende Mai 2019 offiziell in Deutschland online ist. Auch sie beruht auf dem Prinzip des Jobcrawlers und macht sich zunutze, dass über 80 Prozent der Suchanfragen für eine Jobsuche über die Google-Suchfunktion starten.[13]

Allen diesen Suchmaschinen sind zwei Standard-Eingabefelder gemeinsam: *Was* und *Wo*. Das *Wo* lässt sich für dich ziemlich schnell beantworten, wenn du die G.U.T.-Methode für dich ausgearbeitet hast. Bei *Was* wird es schon spannender. Hier solltest du auf jeden Fall immer die erweiterte Suchfunktion nutzen, da sie dir weitaus mehr Optionen anbietet, deine Suche zu verfeinern. Mach dir im Vorfeld Gedanken, welche Suchbegriffe für das, was du suchst, passend sein können. Wenn du dich beispielsweise im Vertrieb bewerben möchtest, dann kannst du folgende Begriffe eingeben: Sales, Vertrieb, Verkauf, Außendienst, Key Account Manager, Business

Development, Bereichsleiter, Vertriebsleiter, Kundenbetreuer – um nur einige wenige zu benennen.

Der Blick auf dein Personal-Brand-Statement ist dir immer eine gute Hilfe: Welche Themen möchtest du behandeln, welche Probleme lösen? Sei bei der Eingabe der Suchbegriffe kreativ.

Die meisten Jobbörsen bieten einen E-Mail-Service an, der dir basierend auf deinen Suchbegriffen regelmäßig neue Stellenangebote per E-Mail zur Verfügung stellt. Auch diesen Service solltest du auf jeden Fall nutzen, um Zeit zu sparen und keine interessanten Stellenangebote zu verpassen.

Weiterhin solltest du die Funktion, dein Bewerbungsprofil inklusive Bewerbungsunterlagen zu speichern und potenziellen Arbeitgebern sichtbar zu machen, aktivieren.

Natürlich kannst du auch nach für dich interessanten Unternehmen oder Branchen suchen. Vielleicht schreibt eines deiner Lieblingsunternehmen gerade eine Stelle in einem Bereich aus, die für dich passt. Nutze die Stellenanzeige als Informationsquelle – gibt es hilfreiche Informationen zu Unternehmenswerten oder -strukturen, ist eventuell eine Kontaktadresse angegeben? Falls ja, ist dies deine Chance, mit dem Unternehmen Kontakt aufzunehmen, dich vorzustellen und die Option einer Initiativbewerbung zu sondieren.

Arbeitsagentur

Meistens assoziieren wir die Arbeitsagentur erst einmal mit Arbeitslosigkeit. Doch auch wenn du gerade nicht arbeitslos bist, solltest du keine Berührungsängste mit der Arbeitsagentur haben. Denn auch sie bietet eine eigene Jobbörse mit über 1,5 Millionen zu besetzenden Stellen (Stand September 2019) an, die du unter folgendem Link finden kannst: https://con.arbeitsagentur.de/prod/jobboerse/jobsuche-ui/. Diese Stellenangebote werden sowohl direkt von Unternehmen, die eine freie Stelle zu besetzen haben, eingestellt, als auch von den Mitarbeitern der Arbeitsagentur. Die Funktionalität dieser Jobbörse ist vergleichbar mit der anderer Stellenbörsen auf dem Markt.

Ein weiterer interessanter Service der Arbeitsagentur speziell für Führungskräfte ist die Managementvermittlung der Zentralen Auslands- und Fachvermittlung (ZAV): https://www.arbeitsagentur.de/vor-ort/zav/startseite. Falls du bereits über profunde Managementerfahrung verfügst, solltest du dich hier mit einem Bewerberprofil registrieren lassen, natürlich inklusive Nennung deines Personal-Brand-Statements. Die ZAV verschickt einmal pro Monat einen Newsletter mit potenziell geeigneten Stellen an Bewerber. Vielleicht ist da ja die richtige Stelle für dich dabei.

Jobmatching

Was Parship und Elitepartner für die Liebe sind, das sind Jobmatching-Plattformen für die Jobsuche. Jobmatching-Algorithmen bringen basierend auf Bewerberprofil und Anforderungskatalog der ausgeschriebenen Stelle – meist kostenpflichtig – Bewerber und Unternehmen oder zwischengeschalteten Headhunter zusammen. Beispiele hierfür sind neben experteer auch Start-ups wie jobify.

Apps

Auch auf dem App-Markt gibt es jede Menge Neuentwicklungen im Bereich der Stellensuche. Natürlich bieten die etablierten, bereits genannten Online-Jobbörsen ihre Services auch in bedienungsfreundlichen Apps an. Darüber hinaus gibt es spezielle Apps, die mit besonderen Features punkten und derzeit mit einer rasant steigenden Anzahl von Usern wie Pilze aus dem Boden schießen. So wendet sich die App Truffls, die ähnlich wie Tinder funktioniert, speziell an junge Leute in deutschen Metropolen.

Auch hier gibt es die Swipe-Funktion für Stellen, die basierend auf der gesuchten Branche und Location für den User vorausgewählt wurden. Weitere Apps sind Mitula jobs mit internationalem Jobangebot und Trovit jobs mit besonders nutzerfreundlichen Filterfunktionen.

Print-Stellenangebote

Die gute alte gedruckte Stellenanzeige wurde zwar durch die neuen Technologien etwas ins Abseits gedrängt, für einige Bereiche ist sie allerdings nach wie vor eine interessante Möglichkeit, um Stellenangebote zu sichten. Besonders zu erwähnen sind hier die großen Blätter wie *Die Zeit* oder *Frankfurter Allgemeine Zeitung*.

Die Zeit konzentriert sich mit ihrem Stellenmarkt besonders auf Wissenschaft und Forschung sowie den öffentlichen Dienst. Die *Frankfurter Allgemeine Zeitung* legt ihren Fokus auf die Zielgruppe der Führungskräfte. Mit dem speziellen Serviceangebot Executive Channel bietet sie Stellenausschreibungen für leitende Positionen bis hin zu Vorstand und Geschäftsführung.

Digitale Netzwerke

Digitale Netzwerke wie XING oder LinkedIn gewinnen im Bereich des Stellenmarktes eine immer größere Bedeutung. So suchen über 50 Prozent aller Arbeitgeber zusätzlich zur Anzeigenschaltung (Online oder Print) auch in den digitalen Netzwerken nach potenziellen Kandidaten. Die am häufigsten genutzten Plattformen sind XING und LinkedIn. Das heißt für dich im Umkehrschluss, wenn du auf diesen Portalen kein Profil hast, kannst du auch nicht gefunden werden. Im deutschen Markt steht XING bei den unter Recruitern genutzten Online-Portalen mit 55 Prozent auf Platz eins, gefolgt von LinkedIn mit rund 40 Prozent.[14]

Initiativbewerbung

Eine weitere Möglichkeit, eine neue Stelle zu finden, ist die Initiativbewerbung. Das bedeutet: Du bewirbst dich bei einem Unternehmen, ohne dass eine offene Stelle ausgeschrieben ist. Um herauszufinden, bei welchem Unternehmen du dich bewerben könntest, gibt es neben der Suche auf LinkedIn und XING auch noch weitere Möglichkeiten. So kannst du beispielsweise dein persönliches Netzwerk nutzen. Vielleicht hat dir deine Bekannte aus dem Tennisclub nebenbei erzählt, dass in ihrer Nachbarschaft eine neue Physiotherapiepraxis entstehen soll und noch Therapeuten gesucht werden. Oder du liest in der Zeitung, dass ein Automobilzulieferer seine Entwicklungsabteilung ausbauen möchte und 50 neue Mitarbeiter eingestellt werden sollen – deine Chance, um dich proaktiv als Entwicklungsingenieur zu bewerben.

Beim Besuch einer für dich und deiner Zielgruppe relevanten Branchenmesse entdeckst du mehrere spannende Unternehmen, die dich interessieren. Hier kannst du erste Kontakte knüpfen, von den Mitarbeitern mehr über das Unternehmen und deren Produkte oder Dienstleistungen erfahren und für dich sondieren, ob dieses Unternehmen für dich ein potenzieller Arbeitgeber sein könnte.

Dank der G.U.T.-Übung hast du einen fundierten Überblick, wo du arbeiten möchtest, das heißt in welcher Umgebung und welcher Unternehmensform. Basierend darauf kannst du gezielt deine Recherche beginnen. Wenn für dich beispielsweise eine spezifische Branche interessant ist, dann wirst du über die Mitgliederliste der jeweiligen Branchenverbände interessante Unternehmen für dich entdecken. Zusätzlich gibt es im Internet frei zugängliche Datenbanken, in denen du neben Ort oder Branche gezielt nach Unternehmen suchen kannst, zum Beispiel:

- https://www.gewerbeverzeichnis-deutschland.de
- http://www.firmendb.de

Sobald Du einen für dich relevanten Arbeitgeber identifiziert hast, beginnt der Prozess der Annäherung. Gibt es jemanden in deinem Netzwerk, der in dem für dich interessanten Unternehmen arbeitet und dir Informationen zu konkreten Ansprechpartnern geben kann? Falls dem nicht so ist, kennst du eventuell jemanden, der jemanden kennt, der dort arbeitet. Diese Information kannst du ganz einfach via XING oder LinkedIn recherchieren und die Person bitten, einen Kontakt für dich herzustellen. Und schon hast du einen Fuß in der Tür. Falls du über dein bestehendes Netzwerk keine Kontakte herstellen kannst, stehen dir mit XING und LinkedIn alle Möglichkeiten zur Verfügung, dein Netzwerk auszubauen. Was spricht denn dagegen, dass du jemanden mit einer für dich interessanten Position über XING oder LinkedIn kontaktierst, dich kurz vorstellst und eventuell eine konkrete Frage zum Unternehmen stellst? Vielleicht ergibt sich daraus ein nützlicher Kontakt.

Jobmessen

Auf vielen Fachmessen gibt es einen eigenen Karriere-Bereich. Hier können Unternehmen Stellenangebote ausschreiben oder sich mit einem Stand potenziellen Bewerbern präsentieren. In solch einer Umgebung kommst du schnell ins Gespräch und erhältst wichtige Informationen zu offenen Stellen in den jeweiligen Unternehmen aus erster Hand.

Zusätzlich dazu gibt es Messekonzepte, die sich auf das Zusammenbringen von Kandidaten und offenen Stellen spezialisiert haben. Einer der größten Anbieter ist auf jeden Fall die Jobmesse: https://jobmessen.de/.

Sie organisiert jedes Jahr mehr als 20 Messen in unterschiedlichen Städten. Zielgruppe dieser Messe sind neben Berufsanfängern auch Quereinsteiger sowie Fach- und Führungskräfte.

Für Letztere gibt es eine Messe, die sich auf diese Zielgruppe spezialisiert hat: die Job40Plus, die in einem intimen Rahmen das Zusammenkommen von Bewerbern und Unternehmen ermöglicht: https://www.job40plus.de/.

Neben diesen Anbietern gibt es eine Reihe weiterer Messeangebote, die du mit einer schnellen Internetrecherche zu Karriere-Messe, Karriere-Kalender oder Job-Messe einfach selbst durchführen kannst, um Informationen zu aktuellen Terminen zu bekommen.

Die Bewerbungsunterlagen für eine Initiativbewerbung sind denen einer klassischen Bewerbung nicht unähnlich. Wir werden im nächsten Kapitel näher darauf eingehen, was du hierbei berücksichtigen solltest, um dich und deine Personal Brand adäquat zu präsentieren.

Wenn du die Prozesse für Deine Initiativbewerbung automatisieren möchtest, dann gibt es hierfür professionelle Anbieter, die deine Bewerbungsunterlagen optimieren und vollautomatisch an eine große, von dir vorab definierte Zielgruppe senden. Ein solcher Anbieter ist beispielsweise Ipser (https://initiativbewerbungen.com). Bei diesem Ansatz musst du dir bewusst sein, dass Quantität hier auf Kosten von Qualität geht. Deine Unterlagen mögen optimiert sein, allerdings verlierst du durch die Automatisierung des Prozesses die Möglichkeit, in deinen Bewerbungsunterlagen ganz individuell auf die einzelnen Unternehmen einzugehen. Dafür wird deine Reichweite ungleich größer sein, als wenn du einzeln Bewerbungen an für dich interessante Unternehmen versenden würdest.

Headhunter/Personalvermittlungen

Eine weitere Möglichkeit, deinen Traumjob zu finden, besteht darin, direkt mit einem Headhunter in Kontakt zu treten. Wichtig ist für dich zu wissen, dass der eigentliche Auftraggeber des Headhunters ein Unternehmen ist, das einen geeigneten Kandidaten für eine vakante, schwer zu besetzende Stelle sucht. Du bist also quasi eine mögliche Lösung für ihn und damit für das Unternehmen. Der Schwerpunkt eines Headhunters wird es allerdings nicht sein, gezielt eine für dich passende Stelle zu finden. Wenn es aktuell keine freie Stelle gibt, für die du als Kandidat infrage kommst, läufst du Gefahr, in der Kandidatenkartei zu versinken.

Dies heißt nicht, dass diese Option für deine Stellensuche nicht relevant wäre, ganz im Gegenteil. Für den Fall, dass dein Profil einem Auftrag entspricht, wird der Headhunter sich sehr engagiert um dich bemühen. Du solltest also auf jeden Fall die ein oder andere Website von Headhuntern besuchen und gegebenenfalls deine Bewerbungsunterlagen hochladen. Auf den jeweiligen Seiten findest du meist außerdem interessante Stellenangebote, auf die du dich regulär bewerben kannst.

Sollte seitens des Headhunters Interesse an deinem Profil bestehen, so wird er mit dir zunächst wahrscheinlich ein telefonisches Vorgespräch führen und dir dann weitere Informationen zur Stelle bereitstellen. Scheint für dich die Ausschreibung reizvoll, leitet er deine Bewerbungsunterlagen an seinen Auftraggeber weiter. Unter den Headhuntern gibt es einige alteingesessene Platzhirsche, die sich besonders auf die Vermittlung von Fach- und Führungskräften spezialisiert haben. Hays beispielsweise hat sich unter anderem auf die Branchen Finanzwesen, Vertrieb und Marketing sowie IT spezialisiert, während Egon Zehnder sich auf die Vermittlung von Führungskräften konzentriert. Weitere große Player am Markt sind Kienbaum, Experteer und Korn Ferry.

Daneben gibt es jede Menge kleinerer, häufig auf eine bestimmte Zielgruppe ausgerichteter Headhunter und Personalvermittler. Beispielsweise über XING kannst du gezielt nach einem Personalvermittler suchen, der für dich attraktive Stellen im Angebot haben könnte. Wenn du bei XING eine Premium-Mitgliedschaft hast, kannst du unter »Erweiterter Suche« unter »Mitglieder« suchen. In der Suchmaske aktivierst du unter »Branche (jetzt)« das Kästchen »Personaldienstleistungen« und gibst unter »Ich suche« Themen und Berufsbezeichnungen an, die auf dein Profil passen, zum Beispiel Market Intelligence oder Strategieberatung. Wenn du magst, kannst du deine Suche weiter einschränken und findest so Headhunter, die für dich relevant sein können. Diesen Headhuntern kannst du dann gleich eine professionelle Nachricht mit einer kurzen Beschreibung deines Profils und beigefügten Bewerbungsunterlagen als pdf-Datei zukommen lassen.

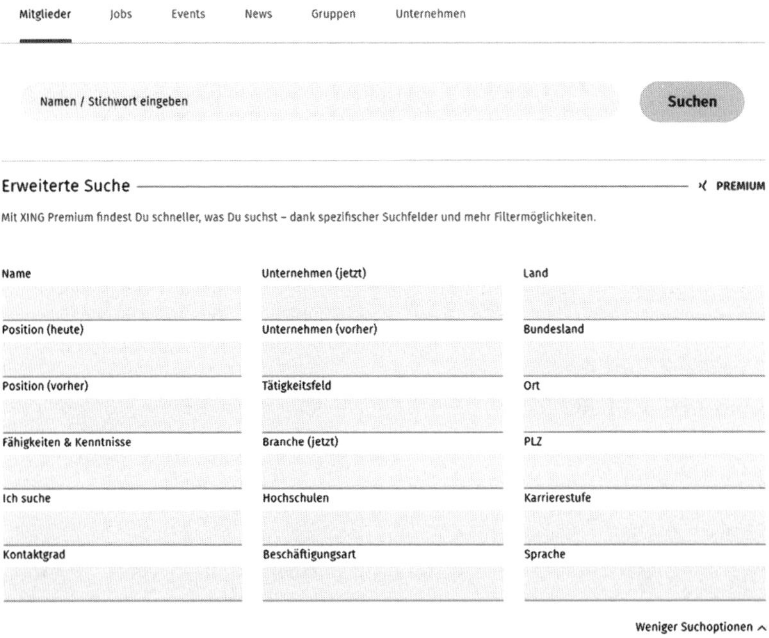

Abbildung 7: Erweiterte Suchabfrage bei XING

Eine mögliche Formulierung für eine Kontaktaufnahme könnte folgendermaßen lauten:

Sehr geehrter Herr Maus,

bei meiner Recherche auf XING bin ich auf Sie aufmerksam geworden. Laut Ihres Profils suchen Sie Fach- und Führungskräfte im Bereich Market Intelligence. In meiner Funktion als Director Market Research habe ich bei einem globalen Automobilzulieferer den Bereich Market Intelligence erfolgreich ausgebaut und professionalisiert.

Neben meinen weitreichenden Methoden- und Branchenkenntnissen und einer Leidenschaft für Zahlen, Daten und Fakten zeichnen mich folgende Punkte aus:

- *Strategisch-unternehmerisches Denken*
- *Kreative Lösungen und innovative Ansätze*
- *Ausgeprägte Kommunikations- und Kooperationsfähigkeit in einem internationalen, interdisziplinären Umfeld*

Detaillierte Informationen zu meiner Person finden Sie im beigefügten Lebenslauf.

Ich freue mich über Ihre Kontaktaufnahme und verbleibe mit freundlichen Grüßen.

In dieser Kontaktanfrage platzierst du natürlich bereits dein Personal-Brand-Statement.

Bei LinkedIn existiert keine vergleichbare Suchfunktion. Hier kannst du unter Suchoption »Personen« nach Suchbegriffen wie »Headhunter«, »Recruiter« oder »Personalberatung« suchen. In der erweiterten Suche kannst du lediglich die Region und das Unternehmen auswählen.

Stellenanzeige aufgeben

Ein Stellengesuch in einer der großen deutschen Tageszeitungen oder einem renommierten Branchenmagazin zu schalten ist eine weitere proaktive Möglichkeit, wie du deinen Traumjob finden kannst. Hierbei solltest du dir darüber im Klaren sein, dass Kosten von 500 Euro und mehr auf dich zukommen können. Aber ganz ehrlich, ist dir dein zukünftiger Traumjob diese Investition nicht wert?

Stellengesuche sind ein saisonales Geschäft. Besonders in den Monaten Februar/März und September/Oktober ist ein guter Zeitraum, ein Stellengesuch in einer überregionalen Tageszeitung zu schalten.[15]

Wichtig beim Schalten eines Stellengesuchs ist es, dass du dir Medien aussuchst, die für deine Zielgruppe relevant sind und von dieser auch regelmäßig gelesen werden. Die Überschrift ist das A und O deiner Anzeige. Wenn diese nicht überzeugt, wird der Rest des Texts gar nicht erst gelesen werden. In der Überschrift solltest du sowohl deine berufliche Funktion als auch die Branche oder Zielgruppe explizit nennen, zum Beispiel *Geschäftsführer Kontraktlogistik*. Weiterhin sollte der Dreiklang »Ich biete – Ich habe – Ich suche« in kurzer und prägnanter Form mit Inhalt bespielt werden. Natürlich sollten hier zumindest Aspekte deines Personal-Brand-Statements aufgeführt werden.

Eine solche Stellenanzeige könnte beispielsweise folgendermaßen aussehen:

Führungskraft Strategische Planung im Energiesektor

Diplom-Kauffrau, 37, bietet umfangreiche Erfahrungen und Methodenkenntnisse im Bereich strategischer Planung im internationalen Umfeld. Branchenkenntnisse: Energiedienstleister, erneuerbare Energien. Nachweisbare Erfolge in der Implementierung von strategischen Prozessen im Unternehmen und Schaffung einer Stabsstelle Strategie mit Fokus auf Endkonsumenten. Persönliche Stärken: Leidenschaft für Neues, ausgeprägtes Kommunikationsvermögen, versiert in Change Management.

Zuschriften erbeten unter I508647 • F.A.Z. • 60267 Ffm.

Abbildung 8: Beispiel für Stellengesuch

SCHRITT 5: WIE KOMMUNIZIERST DU?

So, jetzt kann es richtig losgehen!

Du hast deine eigene Marke definiert und hast einen potenziellen Arbeitgeber identifiziert, bei dem du gern arbeiten möchtest. Jetzt musst du diese beiden Dinge nur noch zusammenbringen, um mit deiner Bewerbung loslegen zu können. Das kann, wie du im letzten Kapitel gesehen hast, über zahlreiche Kanäle funktionieren.

Um deine Personal Brand zu kommunizieren, gibt es unterschiedliche Medien, die du je nach Bedarf und Zielgruppe nutzen kannst.

Kategorie	Medium	Zweck
Absolut notwendig	Lebenslauf, Anschreiben	erfüllt Minimalanforderung
Professioneller Auftritt	dritte Seite XING- und LinkedIn-Profil	Möglichkeit, dich und deine Marke detaillierter zu präsentieren
Absoluter Profi	Präsentation Whitepaper Blog	deine Bühne, um dich als leidenschaftlichen Experten auf deinem Gebiet zu präsentieren

Absolut notwendig

Du solltest sowohl über digitale als auch ausgedruckte Bewerbungsunterlagen verfügen. In beiden Fällen solltest du dein Personal-Brand-Statement ganz klar zum Ausdruck bringen und dich somit professionell und authentisch präsentieren.

Das Anschreiben

Das Anschreiben ist einer der wichtigsten Bestandteile deiner Bewerbungsunterlagen. Du solltest es als eine Art Liebesbrief an das Unternehmen verstehen, bei dem du dich bewirbst. In deinem Anschreiben beschreibst du auf einer DIN-A4-Seite prägnant, authentisch und individuell, weshalb du dich ausgerechnet für dieses Unternehmen interessierst, was dich als Person ausmacht und weswegen du genau die richtige Person für den Job bist, unabhängig davon, ob dieser offiziell ausgeschrieben ist oder nicht.

Diese Punkte werden leider von den meisten Bewerbern vergessen oder nur unzureichend berücksichtigt. Viele Bewerberinnen und Bewerber formulieren in ihren Anschreiben ihre Stärken und bisherigen Berufserfahrungen, ändern lediglich den Adressaten und schicken dieses an Dutzende Unternehmen raus. Oder schlimmer noch: Sie kopieren Textbausteine aus Internetvorlagen und basteln sich so eine mehr oder weniger gefällig klingende Bewerbung, die allerdings wenig aussagekräftig und damit wertlos ist. Kein Personaler oder Arbeitgeber möchte Floskeln oder hohle Phrasen lesen müssen. Ganz ehrlich, stell dir vor, du wirst abends in der Bar angesprochen: Mit wem könntest du dir eher ein erstes Date vorstellen? Mit jemandem, der mit einem abgedroschenen Anmachspruch um die Ecke kommt und dir stundenlang erzählt, was für ein toller Hecht er ist? Oder mit jemandem, der versucht, eine Verbindung zu dir aufzubauen, auf dich eingeht und dir ehrliches Interesse entgegenbringt? Genauso funktioniert es auch im Anschreiben. Es gilt, die Balance zwischen Selbstdarstellung – du möchtest dich ja als Personal Brand präsentieren – und deinem Zusammenpassen mit dem Unternehmen aufzuzeigen.

TIPP:

DIE Goldene Regel für das Anschreiben als auch später beim Lebenslauf: Formuliere zielgruppenorientiert und gehe auf die Bedürfnisse des Unternehmens, bei dem du dich bewirbst, ein.

In der Einleitung solltest du ganz konkret beschreiben, weswegen du gerade an diesem Unternehmen Interesse hast und welche Beweggründe du hast, dich auf exakt diese Stelle zu bewerben. Erinnerst du dich an das *Warum* deines Goldenen Kreises? Hier hast du die Gelegenheit zu formulieren, was dich antreibt und dies mit dem Unternehmen zu verbinden, bei dem du dich bewirbst.

Im Hauptteil präsentierst du deine für die neue Stelle relevanten Qualifikationen und belegst sie mit expliziten Beispielen und nachweisbaren Erfolgen. Hier kommt also das *Was* deines Goldenen Kreises zum Tragen.

Du solltest auch einen Absatz über deine sozialen Kompetenzen einfügen, um dem Personaler die Möglichkeit zu geben, sich ein Bild über deine Persönlichkeit zu machen. Hier kannst du Aspekte aus dem *Wie* deines Goldenen Kreises anbringen.

Im Schlussteil gehst du auf etwaige Fragen ein (zum Beispiel Gehaltsvorstellung) und bekundest dein Interesse an einem persönlichen Gespräch.

Wichtig bei der Tonalität deines Anschreibens ist deine Einstellung, deine innere Haltung: Du bist auf keinen Fall ein Bittsteller, sondern präsentierst dich authentisch, selbstbewusst und professionell als Marke.

Viele Bewerbungsanschreiben bleiben leider zweidimensional, weil sie zu allgemein und lieblos formuliert sind. Damit solltest du dich nicht zufriedengeben. Dein Anspruch sollte es sein, dich mit deinen einzigartigen Facetten bestmöglich zu bewerben, deine Person dreidimensional darzustellen.

Um das zu verdeutlichen, habe ich für meine Klienten das Prinzip der vier erogenen Zonen eines Personalers entwickelt.

Abbildung 9: Die vier erogenen Zonen des Personalers

In einer Welt, in der Entscheidungsprozesse immer häufiger von Algorithmen übernommen werden, sind es doch immer noch Menschen, die Bewerbungsschreiben lesen und sich eine subjektive Meinung bilden. Diese Menschen sollten wir in all ihren menschlichen Dimensionen auch ansprechen.

- Da ist zunächst das Gehirn als erste der erogenen Zonen eines Personalers. Hier gilt es, mit »ZDF« zu punkten, also Zahlen, Daten und Fakten so zu präsentieren, so dass der Personaler einen guten Eindruck davon bekommt, weshalb du der richtige Kandidat für den Job wärst: deine Qualifikationen, besondere Kenntnisse, erfolgreich absolvierte Projekte.
- Daneben gibt es die Hand als zweite erogene Zone. Will heißen: liefere handfeste Belege und greifbare Beispiele, die deine Erfahrungen und Erfolge konkret veranschaulichen.
- Als dritte der vier erogenen Zonen möchte das Herz des Personalers angesprochen werden. Es ist wichtig, dass du in deinem Anschreiben Emotionen zeigst, deutlich machst, dass du für das Thema oder die Branche brennst.
- Als vierte erogene Zone steht der Bauch für das buchstäbliche Bauchgefühl des Personalers, dass du die richtige Person für die Position bist und in das Unternehmen und die Abteilung passen könntest. Deswegen ist es so wichtig, dass du bereits im Anschreiben deine Persönlichkeit zum Ausdruck bringst und deutlich machst, wofür du stehst und was dir wichtig ist. Hier kannst du auch auf dein Personal-Brand-Statement zurückgreifen.

Schauen wir uns an, wie ein gelungenes Anschreiben aussehen kann, in dem alle vier Zonen angesprochen werden:

Sehr geehrte Frau XXX,

noch bevor mir die Bedeutung des Wortes bewusst wurde, faszinierte mich Optimierung. Ob im Kinderspielzimmer, beim ersten Moped, während des Ökonomiestudiums oder als Lagermanager: Stets fand ich Dinge, die sich verbessern ließen – und dies oft mit erstaunlich geringem Aufwand. So möchte ich die Tugend zur Profession machen und stelle mich Ihnen als Juniorberater für Prozessoptimierung und Six Sigma Black Belt vor.

Analysieren, evaluieren, optimieren – den Fehler zu finden und ihn auszumerzen oder das gleiche Ergebnis mit geringerem Aufwand zu erzielen, ist meine Leidenschaft. Daher habe ich gerade meine Ausbildung zum Six Sigma Black Belt abgeschlossen.

Schon während meiner Tätigkeit als Lagermanager bestand ein erheblicher Teil meiner Arbeit darin, die verschiedenen Prozesse aufeinander abzustimmen und zu optimieren, unter anderem durch die digitale Erfassung und Auswertung der Pick- und Packzeiten. In diesem Kontext war mir bei der Implementierung eine positive Kommunikation und Wertschätzung der MitarbeiterInnen besonders wichtig.

Daher bemerkte ich mit Freude, dass auch Sie Ihren Kunden gegenüber ein positives Menschenbild vertreten und gleichzeitig den Fokus auf faktenbasierte Analysen legen. Meiner Erfahrung nach gelingt Kooperation nur auf der Grundlage beiderseitigen Respekts. Die hierfür notwendigen Kenntnisse und Fähigkeiten habe ich in meinen vielfältigen beruflichen Stationen erworben und bin mir aufgrund meiner selbstständigen Arbeitsweise sicher, mich in alle relevanten Themengebiete zeitnah einarbeiten zu können.

Im Anhang dieses Schreibens finden Sie meinen tabellarischen Lebenslauf sowie aktuelle Arbeitszeugnisse. Lassen Sie mich wissen, falls Sie weitere Information benötigen. Ich freue mich auf ein erstes Gespräch mit Ihnen und verbleibe

mit freundlichen Grüßen

Machen wir uns nun die Mühe und blicken nochmals auf die vier erogenen Zonen des Personalers und wir erkennen folgende Struktur:

- **Kopf:** Ausbildung zum Six Sigma Black Belt, Tätigkeit als Lagermanager, vielfältige beruflichen Stationen, selbstständige Arbeitsweise.
- **Hand:** Ob im Kinderspielzimmer, beim ersten Moped, während des Ökonomiestudiums oder als Lagermanager, digitale Erfassung und Auswertung der Pick- und Packzeiten.
- **Herz:** Faszination von Optimierung, intrinsische Motivation, Freude.
- **Bauch:** Positive Kommunikation und Wertschätzung der MitarbeiterInnen, positives Menschenbild, Fokus auf faktenbasierte Analysen, Kooperation auf der Grundlage beiderseitigen Respekts.

Das nachfolgende Beispiel bedient eine gänzlich andere Zielgruppe, beschreibt eine andere Person und hat auch eine komplett andere Tonalität.

Sehr geehrter Herr XXX,

»Die Möglichkeit eines jeden Einzelnen, seine Fähigkeiten bestmöglich einzusetzen.« Dieser inspirierende Satz auf Ihrer Homepage beschreibt genau das, was ich möchte: Mich mit meinen vielfältigen Erfahrungen und Kompetenzen engagiert in Ihr Unternehmen einbringen und es noch erfolgreicher machen.

Mein Herz schlägt für Messing verchromt. Als gelernter Gas- und Wasserinstallateur habe ich die Sanitärbranche kennen und lieben gelernt und bin ihr auch in meiner langjährigen, erfolgreichen Vertriebstätigkeit von Sanitärprodukten für ein weltweit führendes Unternehmen verbunden geblieben.

In meiner bisherigen Tätigkeit als Gebietsleiter Handwerk/Planung konnte ich umfassende Kenntnisse auf dem Gebiet Projektmanagement erwerben und habe Projekte mit bis zu 180.000 Euro

Umsatz verantwortet. Beratungsintensive Objekte aus dem öffentlich-gewerblichen Bereich, wie Krankenhaus und Altenpflegeheim, haben mir besonders viel Spaß gemacht. Hier konnte ich mein Wissen über die Trinkwasserverordnung sowie die Normen EN 806-2 und DIN 1988-200 nutzen, um die technisch Verantwortlichen bezüglich der besonderen Anforderungen von Sanitärprodukten in diesem Bereich professionell zu beraten.

Mit mir bekommen Sie einen offenen und ehrlichen Teamplayer, für den die Bedürfnisse des Kunden an erster Stelle stehen und der sich seinem Arbeitgeber unbedingt verbunden fühlt.

Meinen tabellarischen Lebenslauf sowie aktuelle Arbeitszeugnisse habe ich angefügt. Lassen Sie mich wissen, falls Sie weitere Information benötigen. Ich freue mich auf ein erstes Gespräch mit Ihnen und verbleibe

mit einem freundlichen Gruß

Auch in diesem Anschreiben wurden alle vier erogenen Zonen des Personalers bedient. Findest du die Formulierungen für jede der erogenen Zonen?

- **Kopf**: ______________________________
- **Hand**: ______________________________
- **Herz**: ______________________________
- **Bauch**: ______________________________

Um sicherzustellen, dass du das Unternehmen zum einen direkt ansprichst und dich gleichzeitig als Person dreidimensional vorstellst, gibt es eine ganz einfache schematische Übung. Sie hilft dir, die einzelnen Bausteine für dein individuelles Anschreiben zusammenzustellen.

Zuerst solltest du dir die Stellenanzeige, die dein Interesse geweckt hat, genau durchlesen und markieren, welche Aspekte dich besonders ansprechen. Gerade beim Anforderungsprofil solltest du nicht in Selbstzweifel verfallen, wenn du nicht 100 Prozent aller Anforderungen mit deinen Qualifikationen abdecken kannst. Wenn dem so wäre, dann wärst du zwar ab Tag eins vollständig handlungsfähig, würdest dich aber ziemlich schnell langweilen. Deswegen kannst du dich auch auf Stellen bewerben, bei denen du nur zu etwa 50 Prozent oder mehr der geforderten Erfahrungen und Qualifikationen verfügst, wenn die Stelle zu dir und deiner Personal Brand passt. Immerhin möchtest du ja in dieser Position auch noch wachsen und dich weiterentwickeln können.

Im Folgenden ist die Vorgehensweise für das Beispiel einer Stellenausschreibung als Technical Sales Manager dargestellt.

In der Unternehmensbeschreibung der Stellenanzeige haben den Bewerber die Begriffe »Experte« und »stetiges, gesundes Wachstum« besonders angesprochen, da sie zu seiner Personal Brand passen. Auch in den übrigen Bereichen hat der Bewerber die für sich besonders ansprechenden Formulierungen markiert.

XYZ ist mit über 500 global agierenden Kunden der Lebensmittel- und Kosmetikindustrie und über 3.000 verkauften Anlagen weltweit führender Experte für technische und qualitativ herausragende End-of-Line Verpackungsmaschinen und -anlagen. Innovation und stetiges, gesundes Wachstum unterstreichen die Marktführerschaft von XYZ in der Branche.

Wir suchen zum nächstmöglichen Termin einen

TECHNICAL SALES MANAGER (M/W/D)

Abbildung 10: Stellenanzeige – Vorstellung des Unternehmens

Ihre Aufgaben:

- Präsentation und aktive Vermarktung des gesamten Produktportfolios
- Verantwortung von der Akquisition bis zur Auslieferung der Neumaschine
- Erster Ansprechpartner für unsere Kunden in allen Projektphasen
- Kundenakquisition und Vertragsverhandlungen
- Strategische und operative Marktbearbeitung
- Technische Klärung und Ausarbeitung von Angeboten
- Teilnahme an nationalen und internationalen Fachmessen
- Durchführung von spezifischen Marketingaktionen

Abbildung 11: Stellenanzeige – Aufgabenbeschreibung

Unsere Erwartungen:

- Abgeschlossenes technisches Studium, vorzugsweise Maschinenbau oder Wirtschaftsingenieurwesen
- Mindestens 5 Jahre Berufserfahrung im Vertrieb erklärungsbedürftiger Investitionsgüter, bevorzugt mit Erfahrungen im Bereich Verpackungsmaschinen
- Mehrjährige Erfahrung in der Planung und Konstruktion von Verpackungsmaschinen
- Ausgeprägte Vertriebsaffinität mit Reisebereitschaft, Kommunikationsstärke und Kundenorientierung
- Verhandlungssichere Sprachkenntnisse in Englisch und gerne auch in Französisch
- Selbständige, zuverlässige und zielorientierte Arbeitsweise
- Gute kommunikative Fähigkeiten in der Zusammenarbeit mit angrenzenden Bereichen (Service, Konstruktion, Montage)
- Sichere MS-Office Kenntnisse

Abbildung 12: Stellenanzeige – Erwartungen

Wir bieten:

- Qualitativ herausragende, innovative Produkte
- Flache Hierarchien, schlanke Strukturen und Prozesse
- Vielseitige und interessante Aufgabenstellungen
- Eigenverantwortliches Arbeiten
- Mitgestaltung bei der Digitalisierung unseres Geschäfts
- Förderung der perspektivischen, persönlichen Weiterentwicklung innerhalb der Gruppe
- Attraktive, leistungsorientierte Vergütung
- Flexible Arbeitszeiten

Abbildung 13: Stellenanzeige – Leistungen des Arbeitsgebers

Neben der Stellenanzeige solltest du auch die allgemeinen Informationen zum Unternehmen, wie der Kultur, der Geschichte und den Karrieremöglichkeiten durchlesen. So bekommst du zusätzliche Hintergrundinformationen und ein Gespür für die Unternehmenssprache und relevanten Begrifflichkeiten.

Karriere

Ein engagiertes Team

Das Unternehmen XYZ mit seinen 340 Mitarbeitern am Standort in Oberpollingen hat es sich zum obersten Ziel gesetzt, kundenorientiert und qualitätsbewusst zu agieren und für die Anforderungen unserer Kunden innovative Lösungen zu finden.

Die Mitarbeiter in unserem Unternehmen bilden ein engagiertes Team. Dafür bieten wir ihnen anspruchsvolle Aufgaben und die Möglichkeit, sich beruflich weiterzuentwickeln.

Abbildung 14: Karriereseite des Unternehmens

Innovative Verpackungslösungen

XYZ ist seit mehr als 40 Jahren führender Anbieter von Endverpackungsmaschinen und -anlagen, der weltweit hohes Ansehen für seine Expertise in der Gestaltung qualitativ hochwertiger Verpackungslösungen besitzt. XYZ entwickelt und vertreibt integrierte Lösungen für die Lebensmittelindustrie sowie für die Bereiche Kosmetik und Pharma.

Als global agierender Anbieter bietet XYZ ein umfangreiches Angebot an kundenspezifischen Lösungen für das Handling, Gruppieren und Verpackung unterschiedlichster Produkte.

Das Portfolio umfasst eine breite Produktpalette zur Abdeckung der vollständigen Wertschöpfungskette.

Abbildung 15: Unternehmenspräsentation im Internet

Die von dir markierten Textbausteine kannst du anschließend in einer Tabelle übersichtlich zusammenfassen.

Abbildung 16: Relevante Bausteine für das Anschreiben

Es würde den Rahmen des Anschreibens sprengen, wenn du alle diese einzelnen Punkte im Text unterbringen möchtest. Deswegen solltest du dich auf die für dich wirklich relevanten Aspekte konzentrieren, maximal zwei bis drei pro Kategorie.

Abbildung 17: Relevante Bausteine für das Anschreiben nach Priorisierung

Zu jedem dieser Punkte kannst du jetzt einen Textbaustein formulieren und daraus das Anschreiben zusammenstellen. Um deine Persönlichkeit in Gänze darzustellen, solltest du auch Begriffe und Beispiele aus deinem Goldenen Kreis oder direkt aus deinem Personal-Brand-Statement mit aufnehmen.

Ein aus diesen Bausteinen ausformuliertes Anschreiben könnte beispielsweise so aussehen:

Sehr geehrte Frau Mustermann,

innovative Lösungen anbieten, *dafür steht Ihre Firma XYZ und das ist es auch, was mich in meiner Arbeit antreibt.*

Als Diplomkaufmann mit jahrelanger Erfahrung **im internationalen Vertrieb** *von Produktionsanlagen für die Kosmetikindustrie stehe ich für die Verbindung von kaufmännischer Expertise mit technischem Know-how.* **Sowohl der operative Vertrieb als auch die Erarbeitung von strategischer Herangehensweise fallen mir leicht.**

»Gemeinsam stark«, das ist für mich weitaus mehr als eine Plattitüde. Meine Erfahrung hat gezeigt, dass die **konstruktive Zusammenarbeit unterschiedlicher Abteilungen** *eine Voraussetzung ist, um langfristig erfolgreich sein zu können. Als Projektleiter in Kooperation mit der Entwicklungs- und Marketing-Abteilung habe ich eine optimierte Abfüllanlage für Handcremes auf den Markt gebracht, die bereits im Folgejahr zu den umsatzstärksten Produkten avancierte.*

Es macht mir Freude, qualitativ hochwertige Produkte, mit denen ich mich identifizieren kann, **auch auf internationalen Fachmessen zu präsentieren** *und neue Aufträge zu generieren. So habe ich bereits Messestände, sowohl für die Hannover-Messe als auch für Fachmessen in den USA und China mitentwickelt und vor Ort internationalen Kunden mit Begeisterung das Produktportfolio nähergebracht.*

Ihr Unternehmen gewinnt mit mir einen engagierten Mitarbeiter, der voller Elan auch **anspruchsvolle Aufgaben** *angeht.*

...

Auch in diesem Text werden alle vier erogenen Zonen des Personalers angesprochen.

Was die **Form** deines Anschreibens betrifft, solltest du auf jeden Fall darauf achten, dass du das Anschreiben, wenn irgend möglich, auf eine DIN-A4-Seite bekommst und oben noch ausreichend Platz für deine Adresse, den Empfänger und das Datum hast. Folgst du den klassischen DIN-Regeln, so steht das Datum rechts in Höhe der Empfängeradresse. Bei dem Format des Datums solltest du das gleiche wählen, das du später auch im Lebenslauf verwendest, also konsistent 10.10.2019, wenn du 10/2019 als Datumsangabe im Lebenslauf verwendest oder 10. Oktober 2019, so verwende dieses Format auch im Anschreiben.

In der **Betreffzeile** nimmst du Bezug zur Stellenausschreibung, zum Beispiel:

Bewerbung um die Position als Marketingleiter
Ihre Anzeige in der FAZ vom 10.10.2019.

Schreibst du ein Unternehmen auf deine eigene Initiative hin an, so solltest du dies auch im Betreff klar zum Ausdruck bringen, zum Beispiel so:

Initiativbewerbung als Marketingleiter im Bereich Telekommunikation

Wenn du mutiger bist und dich und deine Marke gleich im Betreff klar positionieren möchtest, kannst du auch herausstellen, welchen Mehrwert du dem Unternehmen bringen kannst, zum Beispiel:

Vertriebsexpertin aus Leidenschaft optimiert Ihr Key Account Management

Unter die Betreffzeile kommt der eigentliche **Text** des Anschreibens, auf den wir in diesem Kapitel bereits ausführlich eingegangen sind.

Das Anschreiben sollte von dir persönlich unterschrieben sein, am besten mit einem Füllfederhalter, wenn du das Anschreiben als Brief versenden möchtest. Das wirkt eleganter.

Für den Fall, dass du deine Bewerbung per E-Mail verschickst, kannst du deine Unterschrift als Bilddatei in das Word-Dokument einfügen. Hierzu setzt du deine Unterschrift auf ein leeres Blatt Papier und scannst sie mit hoher Auflösung ein. Mittlerweile gibt es für jedes Smartphone eine Vielzahl kostenloser Dokumenten-Scanner-Apps, die sich auch für diesen Zweck eignen. Im Anschluss kannst du die Bild-Datei als Grafik in dein Dokument einfügen.

Mach es dem Leser zu einer Freude, deine Bewerbungsunterlagen zu lesen, das bedeutet: Achte auf Übersichtlichkeit, klare Strukturen und individuelles Design.

So sollte das Layout deines Anschreibens zu deiner Persönlichkeit und deiner Marke passen. Verliere dabei allerdings deine Zielgruppe nicht aus den Augen. Wenn dein Design mit der Corporate Identity des Unternehmens, bei dem du dich bewirbst, harmoniert, hast du alles richtig gemacht. Das Design sollte dem Text ausreichend Raum lassen und konsistent sein mit dem der übrigen Dokumente deiner Bewerbung. In Kopf- oder Fußzeile solltest du am besten deine sämtlichen Kontaktdaten, also auch E-Mail und Telefon, auflisten, damit der von deinem Anschreiben begeisterte Recruiter sich umgehend bei dir melden kann, ohne dass er noch umständlich nach deinen Kontaktdaten suchen muss.

Lebenslauf

Der Lebenslauf oder auch Curriculum Vitae (CV) ist das Kernstück deiner Bewerbung und nichts Geringeres als deine Eintrittskarte zum Vorstellungsgespräch. Denn 75 Prozent aller Personaler schauen zuallererst auf den Lebenslauf. Überzeugt dieser nicht auf den ersten Blick, so wird dein Anschreiben ungelesen bleiben und deine Chance, auf dem Stapel »Einladen« zu landen, ist dahin.

Ein wichtiger Bestandteil des Lebenslaufs sind deine persönlichen Daten, also:

Name, Titel, Geburtstag, Geburtsort, Anschrift, E-Mail, Telefonnummer, Familienstand, Staatsangehörigkeit.

Dann solltest du explizit die von dir angestrebte Position erwähnen, zum Beispiel:

Angestrebte Position: Junior Software-Entwicklerin

Dies ist zum einen eine klare Ansage, dass du dir diese Position wirklich zutraust, immerhin steht sie bereits in deinem Lebenslauf. Zum anderen diszipliniert es dich dazu, deinen Lebenslauf für jedes Unternehmen individuell und zielgruppenorientiert anzupassen.

Deine persönlichen Daten inklusive Nennung der angestrebten Position wie auch dein Bewerbungsfoto könntest du auch optisch ansprechend als Deckblatt für deinen Lebenslauf gestalten.

Der Hauptteil deines Lebenslaufs fällt unter die Überschrift *beruflicher Werdegang*, *Berufserfahrung* oder *Berufspraxis*. Hier listest du in antichronologischer Reihenfolge die einzelnen Stationen deiner bisherigen beruflichen Laufbahn auf. Diese Reihenfolge macht gerade bei erfahreneren Bewerbern Sinn, denn du machst keinen Personaler auf dich neugierig, indem du damit beginnst, dass du vor zwanzig Jahren ein Schülerpraktikum in der Tierhandlung deines Onkels absolviert hast. Relevant für den Personaler sind vor allem deine aktuelleren Tätigkeiten. Zu jeder der Stationen sollte das Unternehmen, die Dauer mit Datumsangabe, der Jobtitel und die für die zu besetzende Stelle relevanten Kerntätigkeiten und konkreten Erfolge aufgelistet werden.

Verliere dabei nie dein Brand-Statement aus dem Blick. Hast du Kerntätigkeiten oder Erfolge, die deine Markenbotschaft bestätigen, solltest du sie unbedingt explizit aufführen.

Eventuell ist es zielführend, eine kurze Beschreibung des Unternehmens hinzuzufügen, beispielsweise:

Audatex Deutschland GmbH, Minden/München – weltweiter Marktführer im Bereich von prozessbegleitenden EDV-Lösungen für die Kfz-Unfall-Schadenskalkulation. www.audatex.ce

Dies führt mich zu der Sache mit dem roten Faden. Sowohl im Anschreiben als auch im Lebenslauf sollte der rote Faden, der dich von deinen früheren Stationen zielgerichtet zu der nun angestrebten Position geleitet, deutlich zu erkennen sein. Falls du dich nicht ohnehin quasi organisch von Beginn deiner Ausbildung an bis zum jetzigen Zeitpunkt stromlinienförmig entwickelt hast, gibt es verschiedene Möglichkeiten, die Erörterung deines roten Fadens vorzunehmen. Dabei kommt wieder dein Brand-Statement zum Tragen. Wofür stehst du? Bist du eher Generalist oder Experte auf deinem Gebiet?

1. **Stromlinienförmig**: Du bist der Experte auf deinem Gebiet, hast dich möglicherweise seit deinem Studium mit der Statistik von klinischen Studien beschäftigt. Eventuell hat sich dein Aufgabenfeld etwas erweitert oder du hast den Arbeitgeber gewechselt, bist vielleicht aus einem Pharmakonzern heraus von einem anderen Pharmakonzern abgeworben worden. Wenn du weiterhin eine Stelle in diesem Bereich anstrebst, bleibst du voll auf deiner Linie und kannst mit deinem branchenspezifischen Fachwissen punkten. In deiner Bewerbung solltest du dieses Merkmal hervorheben.

2. **Branchenspezifisch**: Vielleicht hast du bereits verschiedene Positionen innegehabt und unterschiedliche Tätigkeitsbereiche kennengelernt. Wenn du diese Jobwechsel innerhalb eines Unternehmens oder innerhalb einer bestimmten Branche oder Industrie vollzogen hast, zeichnet dich das als Branchenexperte mit breitem Erfahrungshintergrund aus. Diese Stärke solltest du dann explizit in deinem Lebenslauf hervorheben.

3. **Aufgabenspezifisch**: Eventuell bist du ein Experte im Projektmanagement und hast deine Kompetenz bereits in den unterschiedlichsten Settings und – bei Jobwechsel – in verschiedenen Unternehmen, eventuell sogar Branchen unter Beweis gestellt. Dies macht dich zu einem mit allen Wassern gewaschenen Projektleiter, von dem man annehmen kann, dass er sich schnell in ein neues Arbeitsumfeld einarbeiten und auch komplexeren Projekten zügig Struktur geben kann.

4. Eventuell hast du auch einige **Brüche** in deinem Lebenslauf, hast unterschiedliche Dinge ausprobiert, hattest bereits mehrere Berufe und hast Erfahrungen in diversen Industrien gesammelt, wie ...

Tanja, 48, hat im Leben bereits vieles ausprobiert. Nach einer abgebrochenen Ausbildung im Einzelhandel hat sie ihre Lehre als Konditorin abgeschlossen, allerdings nach ein paar Jahren die Freude am Beruf verloren. Danach hat sie als Altenpflegehelferin gearbeitet, um Geld zu verdienen, und war ein paar Monate in Irland als Pferdepflegerin auf einem Gestüt für Rennpferde tätig. Nach ihrer Rückkehr finanzierte ihr die Arbeitsagentur eine Weiterbildung zur Buchhalterin. Seit zwei Jahren arbeitete sie vermittelt durch die Arbeitsagentur als Buchhalterin in einer Reinigungsfirma und kümmert sich um die Lohnbuchhaltung. Ihre steigende Unzufriedenheit im Job führte sie zu mir. Der Bereich Lohnbuchhaltung bereitete ihr zwar generell Freude, der Umgang mit den Mitarbeitern machte ihr großen Spaß, allerdings verschlechterte sich das Verhältnis zu ihrem Vorgesetzten zunehmend, sodass sie nach einer Alternative suchte. Mit Tanjas Erwerbsbiographie war es im Bereich der Lohnbuchhaltung nicht ganz einfach für sie, da Personaler ihre Wechselhaftigkeit und die vielen Brüche in ihrem Lebenslauf kritisch sahen. Es war also wichtig, ein Tätigkeitsfeld für Tanja zu finden, in dem ihr facettenreicher Lebenslauf zu einer Stärke wird. Ihr roter Faden ist tatsächlich die Freude an neuen Herausforderungen und ihr weitreichender

Erfahrungsschatz in unterschiedlichsten Branchen. Dies stellte sich auch in ihrem Brand-Statement dar. Ein Stellenangebot als Lohnbuchhalterin bei einer Personalvermittlungsfirma mit einer sehr offenen Unternehmenskultur war Tanjas Jackpot, da ihr Profil und ihre Bedürfnisse genau zu dieser Tätigkeit passten.

In diesem Fall hast du die Möglichkeit, die Aspekte aus deinen vielfältigen Aufgaben und Arbeitsergebnissen herauszufiltern und zu spezifizieren, was für deine Zielgruppe im Kontext der ausgeschriebenen Position relevant sein könnte.

Wie du erkennen kannst, reicht es nicht, im Lebenslauf deine bisher durchlaufenen Stationen aufzulisten. Vielmehr solltest du zielgruppenspezifisch für jede Position herausarbeiten, welche deiner Aufgaben relevant für die angestrebte neue Stelle sind, und gleichzeitig deine Markenbotschaft platzieren. Außerdem solltest du konkret formulieren und quantifizieren, welche Erfolge du für dich verbuchen kannst. Du hattest in einer deiner früheren Anstellungen Führungs- und/oder Budgetverantwortung? Falls dies Teil des Anforderungsprofils der neuen Position oder Aspekt deines Brand-Statements ist, solltest du dies auf jeden Fall in deinem Lebenslauf erwähnen. Das könnte dann folgendermaßen aussehen:

2/2011 – 06/2012 **Interim Site Manager**
(Fancy Logistics GmbH, Weinheim)

- 5 Mio. Euro Budget- und Ergebnisvolumen
- Führung von 160 Mitarbeitern im 3-Schicht-Betrieb
- Vertragsverhandlungen und Kundenmanagement von Großkunden bis auf Top-Management-Ebene mit Auftragsvolumen von bis zu 1 Mio. Euro
- Prozessplanung und Optimierung: Verbesserung des Service-Levels bei Konfektionswaren um 15 Prozent

- Digitalisierung sämtlicher Kundenschnittstellen durch Einführung eines ERP-Systems

Als nächstes Unterkapitel deines Lebenslaufs kommt der Teil der *Aus- und Weiterbildung*. Hierher gehört die Auflistung deines akademischen Werdeganges von der Schule bis hin zur Ausbildung oder dem abgeschlossenen Studium. Auch Wehr- und Ersatzdienst sollten hier Erwähnung finden. In dieser Rubrik kannst du die Informationen relativ knapp halten und bei den Punkten ausführlicher werden, an denen es für deine Zielgruppe relevant sein könnte.

Julia, 42, hat vor 15 Jahren ein Studium im Bereich Energiemanagement absolviert. Ihre Masterarbeit verfasste sie zum Thema »Energieverbrauch von Einfamilienhäusern«. Nachdem sie mehrere Jahre in einer anderen Branche gearbeitet hat, möchte sie jetzt zurück in die Energiebranche wechseln und bewirbt sich bei einem Immobilienverwalter als Expertin für Energieoptimierung. Es versteht sich von selbst, dass Julia in ihrem Lebenslauf explizit auf den Titel ihrer Masterarbeit hinweist, da er Relevanz für den Wunscharbeitgeber haben wird.

Als nächste Rubrik solltest du in deinem Lebenslauf *besondere Qualifikationen* auflisten. Wenn du eine oder mehrere Fremdsprachen sprichst, dann gib das an, sofern es für die angestrebte Position relevant ist. Dies kann beispielsweise der Fall sein, wenn du in einem internationalen Unternehmen tätig sein möchtest oder Kunden aus anderen Ländern betreuen sollst.

Natürlich ist es für deinen zukünftigen Arbeitgeber interessant, wie sicher du in den unterschiedlichen Sprachen kommunizieren kannst. Hier gibt es zwei mögliche Skalen, die beide in Lebensläufen Verwendung finden:

- **Beschreibung der Kenntnisse:**
  - **Grundkenntnisse**: Bei diesem Niveau handelt es sich meist um Restwissen aus der Schulzeit. Wenn du über Grundkenntnisse in einer Sprache verfügst, kannst du langsam und in einfachen Worten ein Gespräch führen.
  - **Gute Fremdsprachenkenntnisse**: Diese hast du, wenn du normalen Unterhaltungen folgen und auch am Telefon flüssig kommunizieren kannst.
  - **Sehr gute Fremdsprachenkenntnisse**: Wenn du darüber verfügst, kannst du fachspezifisch flüssig diskutieren und komplexere Themen verbalisieren.
  - **Verhandlungssicher in Wort und Schrift**: Wenn dir die Fremdsprache in Fleisch und Blut übergegangen ist und du in jeder Situation sicher und eloquent kommunizieren kannst, ist dies deine Kenntnisstufe.
- **Muttersprachler**: Diese Kategorie nutzt du, um das Niveau der Sprache(n) zu beschreiben, mit der/denen du aufgewachsen bist.

Wenn du für die angestrebte Position *relevante Weiterbildungen* absolviert hast, sollest du diese natürlich auch konkret benennen, inklusive Zeitraum der Ausbildung, Abschluss, Inhalt und Schulungsinstitut.

Ein optionaler Bestandteil deines Lebenslaufs ist die Nennung deiner *Interessen*. Wenn diese besonders außergewöhnlich sind, dein Markenversprechen unterstreichen oder gut zur angestrebten Stelle passen, kannst du diese gerne explizit auflisten. Sie könnten auch ein Aufhänger für das Bewerbungsgespräch sein, möglicherweise hat dein Gegenüber ja ein ähnliches Hobby. Das schafft Gemeinsamkeiten und eine emotionale Verbindung. Wann immer du deine Interessen in deinem Lebenslauf benennst, sei so konkret wie möglich. Zum Beispiel ist das Hobby »Reisen« sehr allgemein und nichtssagend. Wenn du stattdessen »Backpacking-Touren in Asien« schreibst, verrät das viel mehr über dich und deine Persönlichkeit.

Robert, 52, ist leidenschaftlicher Rennradfahrer. Er liebt es, an seinem Fahrrad herumzuschrauben und legt Wert auf bestmögliches Material. So schwört er beispielsweise auf eine bestimmte Reifenmarke. Als er sich bei dem Hersteller dieser Reifenmarke im Einkauf bewirbt, ist er Feuer und Flamme, da er von der herausragenden Qualität der Produkte überzeugt ist.

Hier bietet es sich an, das *Hobby* eventuell sogar mit der Nennung des Reifentyps explizit zu erwähnen, da es sich im Vorstellungsgespräch als Anker oder Anknüpfungspunkt hervorragend eignet.

Professioneller Auftritt

Anschreiben und Lebenslauf sind die Minimallösung für deinen Markenauftritt. Du möchtest aber bestimmt mehr – nämlich dich und deine Marke stark präsentieren. Sowohl als Teil der Bewerbungsunterlagen als auch auf Social-Media-Plattformen hast du die Möglichkeit dazu. Nutze sie!

Die dritte Seite

Die sogenannte *dritte Seite* ist ein Joker für deine Bewerbungsunterlagen. Sie gehört (noch) nicht standardmäßig zu einer vollständigen Bewerbung, sollte in deinen Bewerbungsunterlagen aber auf keinen Fall fehlen.

Was ist der Nutzen einer dritten Seite?
Die dritte Seite bietet dir die Gelegenheit, auf einer Seite all das unterzubringen, was dein potenzieller Arbeitgeber über dich wissen sollte und was noch nicht explizit im Anschreiben oder Lebenslauf erwähnt worden ist. Sie ist somit eine ideale Plattform, dich als einzigartiges Gesamtpaket an Kompetenzen, Persönlichkeit und Erfahrungen

authentisch und adäquat zu präsentieren und deinen Markenkern herauszustellen.

Da die dritte Seite noch kein Standardbestandteil von Bewerbungsunterlagen ist, kannst du dich mit einer professionell gestalteten, aussagefähigen Seite positiv von anderen Mitbewerbern abgrenzen.

Dem Personaler, der meist nicht die Zeit hat, sich länger als drei Minuten mit einer Bewerbungsmappe zu beschäftigen, bietest du damit einen schnellen Überblick, der ihn entscheiden lässt, ob es sich lohnt, Lebenslauf oder Anschreiben überhaupt anzuschauen.

Was soll auf der dritten Seite stehen?

Hier zeigt sich der nächste unschlagbare Vorteil der dritten Seite: Du bist komplett frei, sowohl was den Inhalt als auch die Form angeht. Wichtig ist allein die Tatsache, dass sämtliche dargebrachten Informationen für deine Zielgruppe relevant sein sollen und keinesfalls redundant sein dürfen.

Je nach Arbeitgeber, deiner eigenen beruflichen Laufbahn und persönlichen Vorlieben sowie deiner Markenidentität können sowohl Inhalt als auch Form stark variieren. Üblicherweise werden auf einer dritten Seite ein oder mehrere der folgenden Aspekte berücksichtigt:

- Was die Personaler sonst noch über dich wissen sollten
- Was dich als Person ausmacht
- Wofür du stehst
- Was für dich wichtig ist
- Deine Motivation für die Stelle
- Deine wichtigsten Projekte und bisherigen Erfolge
- Deine besonderen Qualifikationen und Berufserfahrungen

Dein Personal-Brand-Statement hat auf der dritten Seite also reichlich Platz zur Entfaltung.

Robert, 53, besitzt einen außergewöhnlich breiten Ausbildungshintergrund und setzt sich somit klar von seinen Mitbewerbern ab. Es war ihm wichtig, dass sein potenzieller Arbeitgeber diese Information beim Lesen der Bewerbungsunterlagen auf jeden Fall übermittelt bekommt. Eine seiner Kernkompetenzen ist das Thema Prozesse, sowohl in Bezug auf die Optimierung als auch die Steuerung von Geschäftsprozessen, speziell im Einkauf. Da er in seiner nächsten Position diese Kompetenz gern für seinen zukünftigen Arbeitgeber gewinnbringend einsetzen möchte, stellt er dies besonders heraus.

Im Umgang mit Kollegen und Mitarbeitern ist für Robert der Wert Motivation sehr wichtig. Er möchte unterstreichen, dass er in der Lage ist, Menschen in den unterschiedlichsten Situationen zu motivieren. Seine Personal Brand beinhaltet demnach folgende Aspekte: breites Spektrum an Qualifikationen, Prozessoptimierung, Motivation. Seine dritte Seite sieht folgendermaßen aus:

Breites Spektrum an Qualifikationen:
- Betriebswirt
- Magister Artium – Geschichte und Philosophie
- Projektmanagementfachmann und Projektleiter

Prozesse optimieren und steuern:
- Optimierung und Implementierung von Prozessen, zum Beispiel Aufbau des Bereichs Einkauf bei XY
- Erstellung eines Einkaufshandbuchs, Entwicklung der Inhalte des QM-Systems für den Einkauf

Motivieren:
- Zielgruppenorientierte Durchführung von Schulungen (10 bis 20 Teilnehmer)
- Moderation divergierender Interessen in interdisziplinären Projekten
- Schulung von Auszubildenden

Rolf, 52, ehemaliger Geschäftsführer eines mittelständischen Logistikunternehmens, war auf der Suche nach einer Anstellung in ähnlich hoher Position. Das Warum *seines Goldenen Kreises beinhaltete das Thema »engagiertes Gestalten von Unternehmensstrategien«. Seine dritte Seite sollte ihn als professionellen, erfolgreichen Manager mit starker Persönlichkeit präsentieren. Um seiner angestrebten Position gerecht zu werden, titulierte er seine dritte Seite als* Executive Summary, *in dem er sein Profil, seine Expertise, seine Erfolge, seine Verantwortung und seine wichtigsten Eigenschaften zusammenstellte:*

- **Profil:** International erfahrene Führungspersönlichkeit mit ausgeprägtem Gestaltungswillen und großem Engagement
- **Expertise:** Business Development | Operation Excellence | Lean Management | M&A inklusive Post Merger Integration | Saisonale Geschäftsmodelle | Business Process Outsourcing
- **Erfolge:** Carve Out und Turnaround eines mittelständischen Unternehmens aus einem Großkonzern | Portfoliobereinigungen und Umsetzung signifikanter Kostensenkungen | Realisierung von Effizienzsteigerungen
- **Verantwortung:** 25 Millionen Euro Umsatz | Führung von 160 Mitarbeitern
- **Eigenschaften**: Führung mit Herzblut | Strategisch-unternehmerisches Denken und Handeln | Verhandlungs- und Durchsetzungsstärke | ausgeprägte Hands-on-Mentalität | Starkes Organisationsvermögen | Begeisterung für zielorientierte Teamarbeit

Urte, 25, bewirbt sich direkt nach der Universität das erste Mal in der Industrie. Da sie außer ein paar Praktika noch keine relevante Berufserfahrung vorweisen kann, möchte sie in den Bewerbungsunterlagen ihre Persönlichkeit stärker betonen. So war ihr wichtig, dass ihre Kreativität, die sich nicht unmittelbar aus ihrer Promotion in Anorganischer Chemie ableiten lässt, klar zum Ausdruck kommt. Deshalb nutzte sie für ihre drit-

te Seite ein kreatives Stilmittel, ein sogenanntes Akrostichon. *Das ist ein antikes Schreibspiel, bei dem die Buchstaben eines Wortes senkrecht untereinandergeschrieben werden und gleichzeitig den Anfangsbuchstaben eines waagerechten Wortes oder Satzes bilden. Einer der Aspekte, die Urte wichtig waren, war die Tatsache, Aufgaben mit Leidenschaft anzugehen, deshalb wählte sie dieses Wort als Thema für ihr persönliches Akrostichon:*

Lösungsorientiert sein
Ergebnisse erzielen
Interdisziplinär arbeiten
Das Wesentliche im Blick behalten
Empathie zeigen
Niemals aufgeben
Strukturiert an Aufgaben herangehen
Chancen erkennen und aktiv nutzen
Herausforderungen souverän meistern
Auch bei vielen Themen gleichzeitig den Überblick behalten
Freude an neuen Aufgaben haben
Teamfähigkeit demonstrieren

Matthias, 35, ist Experte im Bereich Finanzbuchhaltung. Bei seiner dritten Seite wollte er seinen Status als Experte in seinem Fachgebiet hervorheben. Effiziente Präzision treibt ihn an und ist Teil seines Personal-Brand-Statements. Um diese zum Ausdruck zu bringen, wählte Matthias statt der Ausformulierung seines Brand-Statements eine detaillierte Auflistung seiner Berufserfahrungen und Ergebnisse als Finanzbuchhalter. Diese Gestaltungsform symbolisiert für ihn seinen Markenkern: Effizienz und Präzision ohne unnötige Schnörkel.

Meine Berufserfahrungen und Ergebnisse als Finanzbuchhalter

Aufgaben	Ergebnisse
Erstellung von Monats- und Jahresabschlüssen	Konsolidierung der Ergebnisse von 3 Business Units mit einem Gesamtumsatz von bis zu 35 Mio. Euro
Anlagenbuchhaltung	Einführung eines neuen SAP-Moduls an insgesamt 3 Standorten mit einem Jahresumsatz von 5 Mio. Euro
Erstellen von Statistiken und Auswertungen	Grafische Aufbereitung und Erläuterung der Quartalszahlen für die Aufsichtsratssitzungen
…	…

Wie diese vier Beispiele beweisen: deiner Phantasie sind bei der Erstellung der dritten Seite keine Grenzen gesetzt. Beispielsweise könntest du deine dritte Seite auch mit deinem Deckblatt kombinieren, falls du nicht so viel Inhalt hast, um eine gesamte neue Seite zu füllen.

TIPP:

Wofür du dich auch immer entscheidest, du solltest dabei folgende goldene Regeln beachten:

- Die vermittelten Inhalte liegen dir wirklich am Herzen.
- Die Informationen komplettieren eine authentische Darstellung deiner Person und deiner Personal Brand.
- Die Informationen bieten Zusatznutzen, sind also keine Wiederholung von Aspekten des Anschreibens oder des Lebenslaufs.
- Die Form der Darstellung ist professionell, harmoniert mit dem Layout der übrigen Bewerbungsunterlagen und passt zu deiner Zielgruppe.

XING

Die sozialen Plattformen XING und LinkedIn bieten eine hervorragende Möglichkeit, dich der Außenwelt als individuelle Marke zu präsentieren und nach passenden Stellen zu suchen. Alles, was du dazu brauchst, ist ein eigenes Profil auf den Plattformen.

Wenn du noch keines hast, solltest du eines anlegen. Falls du bereits eines besitzt, solltest du sicherstellen, dass es aussagefähig ist. Folgende Aspekte solltest du auf jeden Fall auf dem neuesten Stand haben:

- **Profilfoto**. Über die drei »Ks« der Kommunikation hatten wir in einem der früheren Kapitel bereits gesprochen. Das hier hochgeladene Foto sollte aus Gründen der Konsistenz identisch sein mit den Fotos deiner Bewerbungsunterlagen und weiterer Plattformen deines Markenauftritts. So erhöhst du gleichzeitig den Wiedererkennungswert. Bei dem Profilfoto sind die Maße 1024 x 1024 px optimal.
- **Headerbild**. Um deine Persönlichkeit und Markenidentität herauszustellen, kannst du auch das Headerbild auf deinem XING-Profil individuell gestalten. Die Bildgröße sollte sich hierbei an den Maßen 1280 x 624 px orientieren. Lizenzfreie Bilder kannst du dir gratis unter anderem bei unsplash oder pexels herunterladen, deiner Kreativität sind also keine Grenzen gesetzt.

So hat Rolf, ehemaliger Geschäftsführer eines mittelständischen Logistikunternehmens und einer meiner Klienten, das Bild einer grünen Ampel als Hintergrundbild gewählt, um herauszustellen, dass er als Manager Dinge ins Rollen bringt. Julia, Expertin im Energiemanagement, hat sich für eine abstrakte Darstellung von Energie entschieden.

Welches Bild passt zu deinen Markenattributen? Welche deiner Aspekte möchtest du besonders herausstellen? Wähle ein Headerbild, dass dein Personal-Brand-Statement unterstreicht.

- **Jobwünsche**. Dieses Feature ist genau das Richtige, wenn du signalisieren möchtest, dass du – um es vorsichtig zu formulieren – offen bist für neue Herausforderungen. Falls du dich gerade in einem Beschäftigungsverhältnis befindest und nicht unbedingt möchtest, dass dein Chef deine aktive Stellensuche mitbekommt, kannst du unter den Start-Einstellungen auswählen, wer deine Informationen zu sehen bekommen soll und wer nicht. Außerdem kannst du deinen aktuellen Status angeben – ob du aktiv auf Jobsuche, an Angeboten interessiert bist oder eben keine Angebote bekommen möchtest. Außerdem kannst du deine Gehaltsvorstellungen sowie potenzielle Wunscharbeitgeber angeben. Ab monatlich knapp sechs Euro (Stand Oktober 2019) kannst du den XING-Service ProJob in Anspruch nehmen, der dir zusätzliche Auswahlkriterien und eine höhere Sichtbarkeit bei Recruitern und Headhuntern bietet.
- **Ich biete**. Hier kannst du dich mit den unterschiedlichen Aspekten deines Personal-Brand-Statements austoben. Bitte verzichte auf Worthülsen und Bullshit-Bingo, sondern versuche, so spezifisch wie mögliche dein Angebot zu formulieren. So hat wohl die Mehrheit aller XING-Nutzer Projektmanagement zu bieten. Wenn du beispielsweise im internationalen Kontext Projekte gemanagt hast oder als SCRUM-Master im agilen Arbeitsumfeld Teams koordiniert hast, solltest du dies auch ausführlicher beschreiben. Das hebt dich letztendlich von der Masse ab und zeigt potenziellen Interessenten gleich, was du alles zu bieten hast. Überlege dir, nach welchen Schlagworten Personaler wohl suchen würden, wenn sie jemanden für deinen Traumjob finden wollten. Diese Begriffe solltest du unbedingt explizit in deinem Profil unterbringen.
- **Ich suche**. Diesen Abschnitt solltest du nicht als verzweifelten Hilferuf nach einer neuen Anstellung interpretieren. Also solltest du dir auf jeden Fall Formulierungen wie »eine neue Chance«

oder ähnliches sparen. Sieh diesen Aspekt vielmehr als klaren Anforderungskatalog, den du ja bereits in der G.U.T.-Übung formuliert hast (siehe Seite 35). Wenn du also beispielsweise gern in einem interkulturellen Kontext arbeiten möchtest, dann formuliere dies klar.

- **Berufserfahrung**. Unter diesem Punkt kannst du alle relevanten Stationen deines Lebenslaufs auflisten. Bei der Beschreibung der einzelnen Stationen kannst du den Fokus auf die Aspekte legen, die für deine Personal-Brand relevant sind.
- **Ausbildung und Qualifikation**. Nenne alle wichtigen Abschlüsse deiner Aus- und Weiterbildung, am besten mit Anbieter und Jahr des Abschlusses.
- **Sprachen**. In diesem Abschnitt geht es um deine Sprachkenntnisse. Die Klassifizierung deines Kenntnisstandes kannst du durch die Attribute *Grundkenntnisse, Gut, Fließend, Muttersprache* genauer beschreiben.
- **Auszeichnungen**. Zeige der Welt, welche Lorbeeren du dir bereits verdient hast. Hast du vielleicht den deutschen Gründerpreis für deine innovative Geschäftsidee gewonnen, bist Preisträger des Physikpreises zur Förderung des naturwissenschaftlichen Nachwuchses im Bergischen Land oder Ehrenbürger deiner Heimatstadt? All dies sind Auszeichnungen, die du hier für alle sichtbar platzieren kannst und die gegebenenfalls deine Markenbotschaft unterstützen.
- **Organisationen**. Falls du Mitglied in Organisationen bist, die für potenzielle Arbeitgeber relevant sein könnten, dann solltest du diese hier explizit ausweisen. Damit unterstreichst du dein Interesse an bestimmten Themen und dein Engagement, in deinem Bereich auf dem neuesten Stand zu bleiben. Vielleicht bist du Mitglied des industriellen Beirats einer Universität oder vertrittst deinen Arbeitgeber in verschiedenen Gremien des Verbandes der Chemischen Industrie. Diese Zusatzqualifikationen sind Gold

wert und sollten auf jeden Fall hier ihren Platz finden, wenn sie relevant für dein Markenprofil sind.

- **Interessen**. Natürlich möchten deine potenziellen Arbeitgeber auch einen Eindruck von dir als Privatperson bekommen. Deswegen solltest du dir auch in dieser Kategorie Gedanken darüber machen, welche Hobbies und Freizeitbeschäftigungen du angeben möchtest. Auf jeden Fall solltest du spezifisch sein. Wenn du als Interesse beispielsweise *Lesen* angibst, ist das bei weitem nicht so aussagekräftig wie *Zeitgenössische Literatur*.

LinkedIn

Was XING für den deutschsprachigen Raum ist, das ist LinkedIn im internationalen Umfeld. Gerade Personen, die in einem internationalen Konzern arbeiten oder Geschäftskontakte auch im Ausland haben, nutzen eher LinkedIn als XING, um nur ein Profil pflegen zu müssen. Insgesamt gibt es weltweit 706 Millionen User[16] (Stand Oktober 2020) und pro Sekunde kommen zwei weitere dazu[17]. Deswegen solltest du auf jeden Fall auch ein LinkedIn-Profil erstellen, um deine Reichweite zu erhöhen, gerade wenn du im internationalen Bereich aktiv sein möchtest. Ein weiterer Vorteil ist, dass du dein LinkedIn-Profil gleich in mehreren Sprachen einrichten kannst.

Die Funktionen bei LinkedIn sind denen bei XING ähnlich, deswegen gehe ich hier explizit nur auf die Unterschiede ein.

- **Bilder**. Für das Profil- und Hintergrundbild gilt ähnliches wie für XING, nur dass die Maße der Bilder unterschiedlich sind. Für das Hintergrundbild ist eine Größe von 1584 x 396 px optimal, für dein Profilfoto 400 x 400 px. Dieses wird auf deinem Profil rund dargestellt, du solltest also darauf achten, dass der Bildausschnitt dich gut sichtbar darstellt und nicht etwa dein halbes Gesicht abgeschnitten ist.

- **Profil-Slogan**. Ein großer Vorteil von LinkedIn besteht darin, dass du dein Profil wesentlich freier konfigurieren und damit individueller gestalten kannst. Das bietet dir die optimale Möglichkeit, deine Personal Brand herauszustellen. So hast du beispielsweise die Möglichkeit, einen sogenannten Profil-Slogan statt deines aktuellen Job-Titels anzugeben. Da es darum geht, dass dein Profil für besonders viele Recruiter interessant ist und du dich als individuelle Marke präsentierst, solltest du dir intensiv darüber Gedanken machen, anhand welcher Suchbegriffe Recruiter potenzielle Kandidaten für deinen Traumjob suchen würden und wofür du stehst. Eventuell passt hier dein gesamtes Personal-Brand-Statement hinein, eventuell verkürzt auf einzelne Stichworte? Ein einfaches und elegantes Stilmittel bildet hier der senkrechte Strich |, unter Programmierern auch *pipe* genannt. Dieser erlaubt dir, in übersichtlicher Form verschiedene Aspekte deines Personal-Brand-Statements aufzuzählen, beispielsweise
  Managing Director | Expert in contract logistics | Passion for international business environment.
  Insgesamt stehen dir 120 Zeichen zur Verfügung, die du auf jeden Fall auch nutzen solltest.
- **Zusammenfassung**. Ein weiteres ungemein wertvolles Feature von LinkedIn ist die sogenannte Zusammenfassung, die das Herzstück deines Profils bildet. Hier kannst du mittels knapp 2.000 Zeichen ausformulieren, was du suchst, was dich als Marke einzigartig macht und wofür dein Herz schlägt. Ziel ist es, dass der Leser nach der Lektüre deiner Zusammenfassung ein quasi dreidimensionales Bild deiner Person vor Augen hat. Je nach persönlichem Geschmack kannst du entweder einen Text ausformulieren oder es bei einer Aufzählung von aussagefähigen Schlagworten belassen, auf jeden Fall solltest du in der 1. Person formulieren, da Ich-Botschaften immer stärker wirken. Da die ersten zwei Zeilen deiner Zusammenfassung beim Anklicken deines

Profils angezeigt werden, solltest du beim Textbeginn besondere Sorgfalt bei der Ausformulierung walten lassen. Was möchtest du in diesen zwei Zeilen über dich sagen, das so spannend ist, dass der Leser auch den Rest der Zusammenfassung lesen möchte und auf *mehr anzeigen* klickt?

Um deine Zusammenfassung auch optisch für den Leser attraktiv zu gestalten, solltest du sie möglichst übersichtlich halten. LinkedIn bietet keine Möglichkeit der *Textformatierung*, deswegen musst du bei der Gestaltung kreativ sein. Du kannst hier mit ÜBERSCHRIFTEN arbeiten, die sich durch die Großbuchstaben vom Rest des Textes abheben. Außerdem solltest du an geeigneter Stelle Absätze oder Leerzeilen einbauen, um verschiedene Themen sauber zu untergliedern. Falls du dich für die Kurzversion der Schlagworte entscheidest, solltest du Aufzählungszeichen nutzen. Als Symbole hierfür eignen sich beispielsweise Sonderzeichen wie ♦, ⇒, ➢, ➲, ★, ❋, ✓, ☑, ▶, ⇨ oder ➤. Emojis kannst du einfach in deinen Text kopieren, im Netz finden sich hierfür verschiedene Listen, zum Beispiel bei Katrin Hill.[18]

Neben dem Text über dich kannst du deinen Markenauftritt in der Zusammenfassung durch das Hochladen von *Dokumenten* anreichern und dich und deine Leistungen noch besser präsentieren. Falls du einen branchenrelevanten Fachartikel verfasst hast, solltest du ihn der Welt zur Verfügung stellen. Auch auf *visuelle Dateien* solltest du nicht verzichten. Eventuell hast du aussagefähige Fotos, die dich auf der Bühne einen Branchentreffens zeigen oder eine von dir entwickelte Marketingkampagne dokumentieren. Vielleicht traust du dich sogar, ein kurzes Video über dich hochzuladen, indem du dich wie in einem Elevator Pitch kurz vorstellst. In der Zusammenfassung stehen dir also zahlreiche

Möglichkeiten offen, dich als starke Marke authentisch zu präsentieren.

- **Berufserfahrung.** Dieser Bereich bietet dir wie bei XING die Möglichkeit, die einzelnen Stationen deines Lebenslaufs aufzulisten. Du kannst zu jeder deiner Stationen eine detaillierte Beschreibung deiner Tätigkeiten, Verantwortlichkeiten und Erfolge hinzufügen. Wie in der Zusammenfassung besteht auch hier die Möglichkeit, Arbeitsproben, Arbeitszeugnisse oder ähnliches hochzuladen, um deine Leistung in den einzelnen Abschnitten hervorzuheben.
- **Kenntnisse und Fähigkeiten.** Dies ist ein weiteres sehr hilfreiches Feature von LinkedIn. Hier kannst du deine Kenntnisse auflisten und sie von anderen bestätigen lassen.
- **Empfehlungen.** Um das Bild von dir und deiner Marke zu vervollständigen, könntest du deine Kontakte und ehemaligen Kollegen und Vorgesetzten bitten, dir eine Empfehlung auszustellen. Es macht Sinn, um Empfehlungen für die letzten zwei bis drei deiner Stationen zu bitten, weiter zurückliegende Positionen bieten keinen relevanten Informationsgewinn. Sobald du eine Person aus deinem Netzwerk ausgewählt hast, die dir eine Empfehlung ausstellen soll, kannst du in einem Menü die Position auswählen, auf die sich die Referenz beziehen soll.

Social-Media-Profil – so what?

Mit der sorgfältigen Erstellung deiner Social-Media-Profile hast du bereits einen großen Schritt in Richtung Traumjob gemacht, allerdings nur den ersten. Um wirklich über diese Plattformen eine neue Stelle zu bekommen, musst du kontinuierlich aktiv bleiben. Hierzu gibt es mehrere Strategien:

- **Keyword-Optimierung.** Recruiter und Headhunter suchen auf den beiden Plattformen XING und LinkedIn gezielt nach potenziellen

Kandidaten für offene, zum Teil noch gar nicht ausgeschriebene Stellen. Um die Wahrscheinlichkeit zu erhöhen, dass dein Profil in den Suchergebnissen ganz weit oben auftaucht, solltest du dir über Keyword-Optimierung Gedanken machen. In den unterschiedlichen Abschnitten solltest du möglichst Synonyme für die Kernbegriffe verwenden, über die du gefunden werden möchtest. Hierbei können Keyword-Tools eine große Unterstützung sein. Folgende Tools sind kostenlos und benötigen keine Registrierung:

- https://www.keyword-tools.org
- https://answerthepublic.com
- https://keywordtool.io

Was genau ist mit Keyword-Optimierung gemeint? Nehmen wir einmal den Begriff *Projektmanagement*, den du als eine deiner Kernkompetenzen hervorheben möchtest. Die verschiedenen Keyword-Tools liefern dir eine Vielzahl ähnlicher Begriffe, die analog zu Projektmanagement genutzt werden, zum Beispiel *Projektsteuerung, Projektplanung, Projektstrukturplan, Projektleiter, agile Methoden, Projektmanagement Zertifikat,* ... Einige dieser Begriffe solltest du in deinem Profil unbedingt mit einfließen lassen, um die Chance zu erhöhen, dass dein Profil im Suchranking ganz weit oben steht, wenn ein Recruiter nach einem Kandidaten mit Projektmanagement-Kompetenzen sucht.

- **Aktive Teilnahme in Gruppen**. Beide Plattformen bieten unterschiedliche Gruppen zu verschiedensten Branchen, Themen und Regionen, die du gezielt nutzen solltest. Zum einen kannst du hier dein Netzwerk erweitern und für die für dich relevanten Zielgruppen sichtbar zu werden. Zum anderen bleibst du auch auf dem neuesten Stand darüber, welche Trends und Themen für deine Branche gerade interessant sind und diskutiert werden.
- **Recherche**. Du kannst die beiden Plattformen XING und LinkedIn auch hervorragend als Recherchetool nutzen. Falls du einen Suchbegriff wie beispielsweise Marktforschung eingibst, bekommst

du eine Übersicht aller Personen, Gruppen, Stellenanzeigen und Unternehmen, die zu dieser Abfrage passen. Bei den Personen wird zusätzlich angegeben, ob einer deiner direkten Kontakte mit dieser Person verbunden ist, so dass du eventuell einen Kontakt herstellen lassen kannst.

- **Netzwerk erweitern.** Kontakte sind alles. Vielleicht hast auch schon einmal von dem berühmten Kleine-Welt-Phänomen des amerikanischen Psychologen Stanley Milgram[19] gehört, das besagt, dass jeder Mensch mit jedem anderen über durchschnittlich sechs weitere Personen bekannt ist. Dieses Phänomen kannst du durch erfolgreiches Netzwerken nutzen. Demnach könnte der Kontakt deines Kontaktes deines Kontaktes deines Kontaktes deines Kontaktes deines Kontaktes mit Bill Gates vernetzt und damit möglicherweise hilfreich für deine Karriere in der IT-Branche sein. Kurzum: Netzwerken lohnt sich. Als Einstieg könntest du alle aktuellen und ehemaligen Kollegen in dein Netzwerk einladen, genauso wie Bekannte, Freunde, Familie, Studienkollegen sowie aktuelle und ehemalige Geschäftspartner oder Kunden. Bitte vergiss auch im sozialen Netzwerk deine gute Kinderstube nicht und schreibe bei jeder Kontaktanfrage ein bis zwei persönliche Sätze dazu. So schaffst du dir eine solide Basis an Kontakten. Um diese kontinuierlich auszubauen, solltest du jeden Tag auf den Plattformen aktiv sein. Einen guten Anhaltspunkt für den Aufbau eines Social-Media-Netzwerkes bietet die 3x3-Regel. Sie besagt, dass du jeden Tag aktiv drei neue Kontaktanfragen stellen, drei Beiträge posten und drei Kommentare zu Inhalten geben solltest, die für deine Zielgruppe relevant sind. Wenn du die 3x3-Regel konsequent sechs Wochen durchhältst, hast du dir bereits eine gewisse Präsenz auf den Plattformen erarbeitet.

Schauen wir uns die einzelnen Punkte genauer an. Eventuell fragst du dich, wen um Himmels willen du denn jeden Tag in dein Netzwerk einladen könntest. Hier gibt es mehrere Möglichkeiten. Zum einen machen dir XING und LinkedIn basierend auf deinen bestehenden Kontakten und Gruppen Vorschläge zu Personen, die du eventuell kennen könntest. Zusätzlich betreibst du ja bestimmt Recherche und findest hierbei Personen mit interessanten Stellen oder bei relevanten Unternehmen, die du gezielt kontaktieren kannst, um mit Ihnen ins Gespräch zu kommen. Vielleicht findest du auch unter den Postings (die Plattformen funktionieren mittlerweile ähnlich wie Facebook) spannende Beiträge von Personen, die du mit deiner eigenen Meinung zu dem Thema reposten kannst. Außerdem kannst du Links zu Artikeln oder Infographiken, die dein Interesse geweckt haben, kommentieren und posten. Wenn du Freude am Schreiben und eine gute Idee hast, kannst du natürlich auch deine eigenen Artikel veröffentlichen und dich somit als Marke bekannter machen und etablieren. Zusätzlich solltest du dir darüber Gedanken machen, in welchen Gruppen deine Zielgruppe unterwegs ist oder welchen Unternehmen und Personen sie folgt. Die dort geposteten Beiträge solltest du ganz besonders im Auge haben. Fällt dir ein bestimmter Artikel auf, zu dem du eine Meinung hast, dann schreibe dazu einen ausführlichen Kommentar. Damit kannst du ganz nebenbei deine Kompetenzen, Erfahrungen und Sichtweisen mit einfließen lassen. So wirst du für deine Zielgruppe sichtbar.

Das alles klingt nach jeder Menge Arbeit? Zugegeben, etwas Zeit musst du schon investieren, um deinen Social-Media-Auftritt professionell zu gestalten, aber es zahlt sich aus. Hier sind noch einmal deine Vorteile zusammengefasst:

- Du bist sichtbar und kannst dein Interesse an einem neuen Job ganz klar demonstrieren.
- Du kannst dich als Marke professionell präsentieren.
- Du erreichst deine potenzielle Zielgruppe.

- Du hast Zugriff auf eine riesige Datenbank, die dir Kontakte, Unternehmen und Jobangebote liefert.

Absoluter Profi

Besondere Situationen bedürfen besonderer Maßnahmen. Und die Suche nach deinem Traumjob ist auf jeden Fall eine besondere Situation. Wenn du in deiner Bewerbung richtig Gas geben möchtest, dann sind die folgenden Anregungen genau das Richtige für dich.

Präsentation

PowerPoint-Präsentationen sind im Berufsalltag nicht mehr wegzudenken. Für fast jeden Angestellten im Büro sind sie ein gängiges Werkzeug, um Informationen visuell und digital darzustellen.

Wenn du Freude an der Gestaltung von PowerPoint-Präsentationen oder ähnlichen Darstellungsprogrammen hast, dann kann ein solches Programm eine weitere hilfreiche Möglichkeit sein, dich und deine Marke professionell und authentisch zu präsentieren.

Solch eine Präsentation kannst du in den unterschiedlichsten Phasen deines Bewerbungsprozesses nutzen. Zum einen eignet sie sich, um dich und deine Personal Brand auf deinem LinkedIn- oder XING-Profil noch klarer herauszustellen, bevor du dich überhaupt beworben hast. So hat ein Recruiter, der auf dein Profil aufmerksam geworden ist, die Möglichkeit, sich vorab intensiver mit dir auseinanderzusetzen. Deine Präsentation ist also zusätzliches Futter, das du zu Verfügung stellst, um die Wahrscheinlichkeit eines Jobangebots zu erhöhen.

Auch während des Bewerbungsprozesses ist das Mittel der Präsentation eine gute Möglichkeit, den Entscheidern relevante Informationen über dich in einer attraktiven Form jenseits des Standards zur Verfügung zu stellen. Die Konvertierung in ein PDF-Format ist wichtig, um sicherzustellen, dass es keine Darstellungsschwierigkeiten wegen unterschiedlicher Programmversionen gibt. In einer digitalen Bewerbung kannst du sie einfach als PDF mitschicken.

In der Papierform bietet es sich an, einen Link oder QR-Code auf die dritte Seite deiner Bewerbung einzufügen, die zur PDF-Datei deiner Präsentation führt.

Hast du eine Einladung für das Vorstellungsgespräch bekommen, kann es im Rahmen einer Kurzvorstellung deiner Person während des Gesprächs sinnvoll sein, deine Präsentation als Leitfaden zu verwenden. Inhaltliche Schwerpunkte solch einer Präsentation sind normalerweise:

- Lebenslauf
- Motivation
- Dritte Seite
- Personal-Brand-Statement
- Arbeitsproben, Projektbeschreibungen

Sowohl Tonalität als auch Layout sollten deinen Markenattributen entsprechen und konsistent mit deinen übrigen Bewerbungsunterlagen und Markenauftritt sein.

Die durch PowerPoint oder ein ähnliches Programm gegebenen Visualisierungsmöglichkeiten solltest du nutzen, um dir mit diesem Format einen zusätzlichen Vorteil zu schaffen. So kannst du beispielsweise deinen Lebenslauf als Zeitstrahl darstellen oder Icons und Piktogramme für deine Kompetenzen und Erfahrungen verwenden.

Video

Möchtest du deiner Marke auch audiovisuell Ausdruck verleihen, dann ist ein Bewerbungsvideo für dich perfekt. Hierbei kannst du dich und dein Personal-Brand-Statement vor der Kamera präsentieren; ein Pluspunkt, wenn deine potenzielle Zielgruppe den Funken der Leidenschaft in deinen Augen sehen kann, während du von deinem *Warum* berichtest.

In dem Video, das maximal zwei Minuten lang sein sollte, kannst du authentisch deine Markenbotschaft kommunizieren und dabei sympathisch die für dich relevanten Aspekte hervorheben. Ein Video ist eine Ergänzung zu deinen übrigen Bewerbungsunterlagen, kein Ersatz. Deswegen solltest du dich inhaltlich auf die Punkte beschränken, die du besonders hervorheben möchtest.

Unterschätze nicht die Vorbereitungszeit, die ein solches Video kostet.

Du möchtest dich professionell präsentieren, also sollte das »Drehbuch« mit den Informationen, die du transportieren möchtest, und einer möglichen Handlung, im Vorfeld stehen. Außerdem sollte die Aufmachung des Videos, die Aufnahmen und der Schnitt mit eventueller Musikuntermalung dem Anlass entsprechend von einem Profi durchgeführt werden. Vielleicht kennst du jemanden in deinem Bekanntenkreis, der dich hier unterstützen kann.

Das gesamte Video – also Location, »Handlung«, Outfit, Sprache – sollte stimmig mit deiner Marke sein.

Ein schönes Beispiel eines Bewerbungsvideos stammt von der radioaffinen Anne-Katrin, die sich bei einem Lokalsender bewirbt: https://www.youtube.com/watch?v=FKDdZwoStjs

Schauen wir uns die einzelnen Aspekte des Videos einmal genauer an:

Inhaltlich kommuniziert Anne-Katrin drei Botschaften:

1. **Ihr Warum**: »Musik und Kommunikation miteinander verbinden«
2. **Ihre Stärken**: »mit Menschen ins Gespräch kommen«, »Selbstständigkeit«, »Zuverlässigkeit«
3. **Ihr Interesse am Arbeitgeber**: »Zeitgemäßes und gleichzeitig erwachsenes Radio«

Ihre *Sprache* und ihr gesamtes Auftreten sind sehr natürlich, dynamisch und jugendlich; Eigenschaften, die sie als Person ausmachen und die gleichzeitig zum potenziellen Arbeitgeber passen. Da sie Radio mit Musik verbindet, gehört Hintergrundmusik selbstverständlich ebenfalls ins Video.

Ihr *Outfit* ist stimmig mit ihrem übrigen Auftreten und unterstreicht ihre Dynamik und Jugendlichkeit.

Ihre *Dynamik* zeigt sich auch in der Handlung des Videos, das sie an verschiedenen Orten in Bewegung zeigt.

Die *Location* des Videos knüpft charmant mehrere Verbindungen zum potenziellen Arbeitgeber: Durch den Blick ins Tal wird deutlich, dass sich Anne-Katrin am Ort des Lokalsenders heimisch fühlt, gleichzeitig spielt der Funkturm im Hintergrund auf das Thema Radio an.

Wenn du dein Video gestalten möchtest, kannst du anhand dieser Checkliste die einzelnen Aspekte deines Bewerbungsvideos planen.

Inhalte	
Sprache/ Ausdruck	
Outfit	
Handlung	
Location	

Den Link zu deinem Video kannst du in deine Bewerbungsunterlagen einfügen. Außerdem kannst du den Link auch in deinem LinkedIn-Profil hinterlegen, damit Recruiter, die dein Profil besuchen, sich auch ein audiovisuelles Bild von dir und deiner Marke machen können.

Whitepaper

Wenn ein Aspekt deiner Personal Brand das Expertentum in einem bestimmten Fachgebiet ist, dann bietet sich das Schreiben eines *Whitepapers* an. Hiermit kannst du strukturierte und für deine Zielgruppe relevante Informationen zusammenfassen und Interessierten zur Verfügung stellen.

Unter einem Whitepaper versteht man ein aus Text und zum Teil aus Graphiken bestehendes Dokument, das in der Regel zwischen fünf und 15 Seiten lang ist. Es enthält Informationen und Lösungsansätze zu einer bestimmten Fragestellung.

Der Name Whitepaper stammt ursprünglich aus Großbritannien. Dort wurden vor ungefähr hundert Jahren kürzere Regierungspapiere in weißen Umschlägen verpackt, um sie von längeren Gesetzestexten in blauen Umschlägen unterscheiden zu können.

Gut achtzig Jahre später fand der Name Whitepaper zum ersten Mal in der IT-Branche Verwendung, heute finden sich Whitepaper in sämtlichen Businessbereichen.

Mit dem Schreiben deines eigenen Whitepapers etablierst du dich als Experte auf einem Gebiet und demonstrierst deine Expertise.

Bevor du mit dem Schreiben loslegst, solltest du dir über folgende Fragen Gedanken machen:

- Welche Aspekte deiner Personal Brand möchtest du hervorheben?
- Welche Zielgruppe möchtest du genau ansprechen?
- Welche konkrete Fragestellung möchtest du bearbeiten?
- Welchen Mehrwert möchtest du deinen Leser liefern?

Achte beim Schreiben darauf, dass die Inhalte von hoher Qualität und Nutzen für den Leser sind. Den Fakten deines Whitepapers solltest du Quellenangaben hinzufügen, die Sprache sollte deinen Markenattributen und gleichzeitig deiner Zielgruppe angemessen sein. Bilder und professionelle Grafiken – jeweils mit Quellenangaben – lockern den Text auf und visualisieren deine Inhalte.

Hast du bereits einen Blog, kannst du eventuell mehrere bereits existierende Beiträge zu einem Whitepaper zusammenfassen.

Das Layout solltest du entsprechend deines Markenauftritts konsistent zu all deinen anderen Dokumenten gestalten, um einen Wiedererkennungswert zu generieren.

Am Ende des Whitepapers kannst du noch ein Kurzprofil mit Bild und Kontaktdaten von dir einfügen, damit interessierte Leser Rückfragen stellen oder Recruiter sich bei dir melden können.

Falls du dich jetzt fragst, ob das Schreiben eines Whitepapers etwas für dich ist, beantworte die beiden folgenden Fragen:

- Ist es Bestandteil deiner Personal Brand, Experte auf einem Fachgebiet zu sein?
- Hast du Freude am Schreiben?

Falls du beide Fragen mit ja beantworten kannst, könnte das Whitepaper ein gutes Mittel sein, dich und deine Marke zu positionieren.

Vielleicht findest du das Konzept des Whitepapers ganz spannend, hast allerdings noch keine konkrete Idee, was du schreiben könntest?

Dann findest du hier ein paar Beispiele, die dich inspirieren sollen:

Peter, 35, ist Projektmanager und liebt es, in internationalen Teams zu arbeiten. Er ist es gewohnt, virtuell mit anderen Teammitgliedern zu kommunizieren und zu kooperieren. Im Laufe seines Berufslebens hat er sich fundiertes Wissen zu Video-Chats, Kooperationsplattformen und Projektmanagementsoftware angeeignet. Als nächste berufliche Station strebt er einen Posten als Projektleiter in einem internationalen Maschinen-

bau-Konzern an. Sein Whitepaper ist aufgrund der internationalen Ausrichtung in Englisch verfasst und trägt den Titel: »How to successfully run virtual teams in different time zones«.

Beate, 45, ist Vertrieblerin aus Leidenschaft. Sie hat bereits große Projekte in den unterschiedlichsten Branchen an Land gezogen und ist Expertin im Bereich Kundenmanagement. Sie verfasst folgendes Whitepaper: »So gewinnen Sie jeden Kunden – 10 geheime Tipps für Ihr erfolgreiches Key Account Management«.

Ulla, 41, ist Journalistin. Ihr Steckenpferd ist das Thema Digitalisierung im Bereich Printmedien. In diesem Bereich sucht sie auch ihre nächste Stelle. Ihr Whitepaper heißt: »Redaktion 4.0 – Ausblick auf die fortschreitende Digitalisierung von Zeitungsverlagen«.

Dein Whitepaper kannst du über die Social-Media-Kanäle verbreiten, in deinem LinkedIn- und XING-Profil verlinken und in deinen Bewerbungsunterlagen erwähnen.

Blog

Du hast beim Schreiben deines Whitepapers Blut geleckt und gemerkt, wie viel Freude dir das Schreiben zu einem bestimmten Thema macht? Dann kann ein *Blog* das Richtige für dich sein. Er bietet dir die Möglichkeit, dir eine Experten-Reputation zu einem bestimmten Thema zu erarbeiten.

Um im Bewerbungsprozess darauf aufmerksam zu machen, kannst du ihn ähnlich wie das Whitepaper sowohl über die Social-Media-Kanäle verbreiten, in deinem LinkedIn- und XING-Profil verlinken und in deinen Bewerbungsunterlagen erwähnen.

Achte darauf, dass du stets aktuelle Blogbeiträge hast, wenn du deinen Blog als Marketinginstrument nutzen möchtest. Mindestens alle sechs bis acht Wochen solltest du einen neuen Beitrag verfassen. Es gibt eine Vielzahl von Möglichkeiten, wie du das Thema, das zu deiner Personal Brand passt, in einem Blog bespielen kannst, zum Beispiel:

- Deine persönliche Analyse zu einem wichtigen Trend in deiner Branche, natürlich gestützt durch relevante Quellenangaben.
- Rezension von Fachbüchern zu deinem Nischenthema.
- Ein Interview mit einem Gast, der Experte auf deinem Gebiet ist und neue Facetten zu deinem Nischenthema aufzeigen kann.
- Infografiken, die Sachverhalten deines Themas im Layout deines Markenauftritts grafisch darstellen. Vorlagen findest du unter anderem bei www.canva.com.
- Eventbericht nach einem Kongress oder einer Weiterbildung.
- Zitate berühmter Persönlichkeiten als Aufhänger.
- Anleitungen oder Checklisten.
- Vorstellung einer bestimmten Methode mit Beschreibung, Einsatzmöglichkeiten und Vor- und Nachteilen.
- Aufforderung zur Diskussion, indem du deiner Leserschaft eine konkrete Frage zu deinem Nischenthema stellst und somit zum Diskurs einlädtst.
- Dein perfekter Job. Beschreib doch einfach einmal, wie dein perfekter Arbeitsplatz aussieht, die Grundlage dazu hast du ja bereits mit der G.U.T.-Übung geschaffen (vgl. Seite 35). Wer weiß, vielleicht hat einer deiner Leser genau deinen Traumjob und wartet nur darauf, den perfekten Bewerber zu finden.

Mit einem der zahlreichen Homepage-Baukasten-Systeme, wie wix oder jimdo, kannst du dir ohne großen technischen Aufwand schnell deinen eigenen Blog erstellen. Achte beim Namen und Layout darauf, dass er stimmig ist mit deiner Personal Brand.

Homepage

Mit einer eigenen *Bewerbungs-Homepage* kannst du eine moderne und interaktive Form deiner Bewerbung erstellen. Sie bietet dir die Möglichkeit, die bereits oben näher beschriebenen Bestandteile einer konventionellen Bewerbungsmappe abzudecken, und gibt dir zusätzlich Raum, deine Personal Brand herauszustellen und dich von potenziellen Mitbewerbern positiv abzuheben. Hier kannst du mehr über dich verraten, konkrete Arbeitsproben oder Referenzen aufführen und Inhalte teilen, die für deine Personal Brand wichtig sind. Dies können Links zu für deine Branche relevanten Artikeln oder Literaturtipps sein. Natürlich findet hier auch dein Bewerbungsvideo, dein Whitepaper oder auch dein Blog einen prominenten Platz.

Achte darauf, dass du für Personaler relevante Dokumente wie Lebenslauf oder Arbeitsproben als PDF-Datei zum Download zur Verfügung stellst.

Selbst wenn du kein IT-Profi bist, gelingt dir mit einem der zahlreichen Homepage-Baukasten-Systeme, wie wix oder jimdo, bestimmt schnell die Erstellung deiner persönlichen Homepage. Der Domain-Name sollte möglichst unverwechselbar auf dich verweisen, die Struktur www.Vorname-Nachname.de zum Beispiel ist sehr sinnvoll. Da sich immer mehr Personaler im Internet über potenziell interessante Kandidaten informieren, kommen sie bei einem solchen Domain-Namen bei der Recherche über dich unweigerlich auf deine Homepage. Natürlich solltest du diese auch in deinen XING- und LinkedIn-Profilen oder einer bereits vorab versendeten Bewerbung mit genauem Link erwähnen.

Stil, Tonalität und Layout sollten stimmig zu deinem gesamten Markenauftritt sein. Achte beim Design auf eine professionelle Darstellung. Eine Homepage, die selbst gebastelt wirkt, die eher gewollt als gekonnt ist, schreckt eventuell eher ab.

Die Nutzerfreundlichkeit sollte dein oberstes Gebot sein, schließlich haben Personaler, die Informationen über dich suchen, meist nicht viel Zeit. Mit einer einfachen, klar strukturierten Seite und intuitivem Menü bist du auf der sicheren Seite.

DAS GROSSE FINALE: DEIN VORSTELLUNGSGESPRÄCH

Sobald du eine Einladung zum Vorstellungsgespräch, ob am Telefon oder Face-to-Face, bekommen hast, bist du einen großen Schritt weitergekommen und kannst dir zu diesem Teilerfolg gratulieren. Deine Markenpräsentation hat so überzeugt, dass dein potenzieller neuer Arbeitgeber dich in die engere Wahl der Kandidaten genommen hat und dich nun persönlich kennenlernen möchte. Das ist großartig! Ausruhen solltest du dich auf diesen Lorbeeren allerdings nicht, denn ein Vorstellungsgespräch sollte gut vorbereitet sein.

Wenn du im Laufe des Vorstellungsgesprächs mit Hintergrundinformationen glänzen kannst, verschafft dir das im Vergleich zu den anderen Bewerbern unschätzbare Vorteile:

1. Du zeigst, dass du dich mit großer Ernsthaftigkeit auf das Gespräch vorbereitet hast und wirklich an der Position interessiert bist.
2. Du kannst aufgrund deines Hintergrundwissens fundierter auf Fragen antworten und Zusammenhänge herausstellen.

Vorbereitung auf das Vorstellungsgespräch

Wie schon der Erfinder und Großunternehmer Alexander Graham Bell meinte: »Vor allem die Vorbereitung ist der Schlüssel zum Erfolg.«[20] Und da du dich ja bei deinen Bewerbungen schon so ins Zeug gelegt hast, um erfolgreich zu sein und deinen Traumjob zu bekommen, wirst du dich natürlich auch für das Vorstellungsgespräch entsprechend vorbereiten.

Recherche zum Unternehmen

Wie beim Thema Anschreiben bereits beschrieben, solltest du dir vorab ein gutes Bild über deinen zukünftigen Arbeitgeber machen: Welche Unternehmenswerte werden kommuniziert, welche aktuellen Informationen gibt es über das Unternehmen und dessen Angebot und wie steht das Unternehmen finanziell da? Eine wichtige Quelle kann der Bundesanzeiger www.bundesanzeiger.de sein, auf dem du Jahresabschlüsse deutscher Unternehmen finden kannst. Neben der Homepage des Unternehmens und des Jahresberichts findest du bestimmt auch zahlreiche Artikel, die bestimmte Aktivitäten des Unternehmens näher beschreiben. Bei XING und LinkedIn solltest du außerdem gezielt nach dem Unternehmen suchen und dir so einen guten Überblick darüber verschaffen, welche Menschen dort arbeiten und welche unterschiedlichen Funktionen es gibt, mit denen du in deinem zukünftigen Job Berührungspunkte haben könntest.

Je nach angestrebter Position kann es eventuell auch noch wichtig sein, dich über Kunden, Lieferanten und Wettbewerber zu informieren, beispielsweise wenn du eine Position im Vertrieb oder Einkauf anstrebst.

Du solltest in der Lage sein, die Unternehmensstruktur, eine Beschreibung der Produkte und Dienstleistungen und eventuell Marken sowie aktuelle Entwicklungen des Unternehmens im Vorstellungsgespräch wiederzugeben. Außerdem solltest du klar formulieren können, weswegen du dich gerade für dieses Unternehmen als zukünftigen Arbeitgeber interessierst.

Recherche zu Branchentrends

Natürlich solltest du auch eine Idee davon haben, welche Themen deinen potenziellen zukünftigen Arbeitgeber gerade umtreiben. Wenn du sowieso ausgewiesener Experte in der entsprechenden Branche bist und dies Teil deines Markenversprechens ist, umso besser: Dann kannst du hier mit deinem Detailwissen glänzen.

Falls du nur über ein eingeschränktes Wissen über die jeweilige Branche verfügst, ist es wichtig, ausreichend Zeit in die Recherche zu investieren. Damit du deine zukünftige Arbeitsstelle möglichst fundiert bewerten kannst, verschaffe dir einen allgemeinen Überblick über die Branche:

- Was sind Trends, die in der Branche gerade für Bewegung sorgen?
- Über welche Themen wird in der Branche gerade diskutiert?
- Welche Zukunftsthemen stehen in der Branche auf der Agenda?

Die Quellen hierfür sind schier unerschöpflich. Falls dein potenzieller zukünftiger Arbeitgeber Mitglied in einem Branchenverband ist, hast du gute Karten. Dann kannst du dich im Internet über die Aktivitäten des Verbandes informieren und bekommst einen Eindruck davon, welche Themen für »dein« Unternehmen relevant sein könnten. Außerdem gibt es jede Menge branchenspezifische Fachzeitschriften, Kongresse oder Internetforen, die wertvolle Einblicke in die Themenwelt der jeweiligen Branche liefern können. Auch die Social-Media-Plattformen LinkedIn und XING bieten eine Vielzahl von Expertengruppen der unterschiedlichsten Berufs- und Industriezweige.

Recherche zu den einzelnen Gesprächspartnern

Normalerweise erhältst du eine Information darüber, wer an deinem Vorstellungsgespräch teilnehmen wird. Falls dies nicht der Fall ist, kannst du die Initiative ergreifen und proaktiv vorab danach fragen. Wenn du weißt, wer dir im Gespräch gegenübersitzen wird, ist das für dich von unschätzbarem Vorteil. Dann kannst du dich aktiv auf deine Gesprächspartner vorbereiten.

Hier helfen dir wieder die Plattformen LinkedIn und XING. Mit rund 18 Millionen XING-Nutzern[21] und 13 Millionen LinkedIn-Nutzern[22] im Jahr 2019 allein im deutschsprachigen Raum ist die Wahrscheinlichkeit sehr hoch, dass deine Gesprächspartner oder zumindest ein Teil davon auf diesen Plattformen vertreten sind. Wenn du dir diese Profile genauer anschaust, solltest du auf einige Dinge achten, die dir bei deiner Argumentation später im Vorstellungsgespräch von Nutzen sein werden. Neben den reinen Informationen kannst du hier eventuell auch Hinweise darauf bekommen, was der Person wichtig ist. Ein Beispiel:

Peter, 43, hat keinen ganz geradlinigen Lebenslauf. Nach seiner Ausbildung als Maurer hat er ein geisteswissenschaftliches Studium draufgesattelt und ist schließlich im Einkauf eines Medienkonzerns gelandet. Als er zum Vorstellungsgespräch eingeladen wurde, haben wir gemeinsam im Coaching die verschiedenen Gesprächspartner analysiert. Interessanterweise war der Lebenslauf der Personalerin, die das Gespräch leiten würde, ebenfalls eher ungewöhnlich. Mit ihr hatte Peter im Gesprächsverlauf also quasi eine Verbündete in Sachen »unkonventioneller« Lebenslauf und konnte im Gespräch mit größerem Selbstvertrauen seine einzelnen beruflichen Stationen begründen.

Findest du irgendwelche Gemeinsamkeiten, wie beispielsweise gemeinsame Kontakte, gleiches Studienfach, ähnliche Interessen oder denselben ehemaligen Arbeitgeber, dann kannst du – natürlich subtil und vorsichtig – im Laufe des Gesprächs darauf eingehen. Wenn du noch einmal an das Modell der vier erogenen Zonen der Personaler denkst: Mit der Nennung der Gemeinsamkeiten sprichst du ganz konkret das Bauchgefühl an. Gemeinsamkeiten schaffen eine emotionale Verbundenheit.

Neben den Gemeinsamkeiten kannst du anhand der einzelnen beruflichen Stationen deiner Gesprächspartner abschätzen, über welches Hintergrundwissen sie verfügen, in welchen Branchen sie sich auskennen und mit welchen Themen sie früher konfrontiert worden sind.

Bei denjenigen, die ihr LinkedIn-Profil gepflegt haben, bekommst du eventuell auch konkrete Hinweise darauf, wie sie sich selbst beschreiben und worauf sie Wert legen. Auch das kann dir im Gespräch helfen, individuell auf die unterschiedlichen Gesprächspartner einzugehen.

Spickzettel zur Vorbereitung auf das Bewerbungsgespräch

Neben der Recherche solltest du dir natürlich auch darüber Gedanken machen, was deine Kernbotschaft im Vorstellungsgespräch sein soll. Welche Aspekte zu deiner Person möchtest du auf jeden Fall transportieren? Wie kannst du demonstrieren, dass du der perfekte Kandidat für die Stelle bist?

Studien haben gezeigt, dass die Chancen, die gewünschte Stelle zu bekommen, mit einer ehrlichen Präsentation der Kandidaten um das Fünffache steigen.[23]

Deswegen macht es Sinn, dass du dich bei der Vorbereitung auf dein Vorstellungsgespräch darauf konzentrierst, welche Facetten deiner Person du besonders hervorheben möchtest.

Um sicherzugehen, dass du dich auf die wichtigsten Punkte vorbereitet hast, kannst du folgenden Spickzettel (nach Jenny Blake[24]) zu Hilfe nehmen:

Spickzettel Bewerbungsgespräch

Fünf Kernpunkte Wichtige Dinge über mich, an die man sich nach dem Gespräch erinnern soll: ▪ ▪ ▪ ▪ ▪	**Glanz und Gloria** Konkrete Beispiele, die zeigen, warum ich genau der Richtige für diese Stelle bin: ▪ ▪ ▪ ▪ ▪	**Entwicklungspotenziale** Strategische Antworten auf die obligatorische »Meine Schwächen«-Frage ▪ ▪ ▪ ▪ ▪
Brillante Ideen Meine ersten Ideen zu Verbesserungen oder Strategien: ▪ ▪ ▪ ▪ ▪	**Arbeitsphilosophie** So arbeite ich gern und gut: ▪ ▪ ▪ ▪ ▪	**Gewonnene Schlachten** Konkrete Herausforderungen und wie ich sie gemeistert habe: ▪ ▪ ▪ ▪
Kurz- und langfristige Ziele Gründe, weswegen die Stelle genau zu meinem Karriereplan passt: ▪ ▪ ▪ ▪ ▪	**Meine Fragen** Diese Fragen habe ich zur Position, dem Unternehmen, der zukünftigen Ausrichtung etc.: ▪ ▪ ▪ ▪ ▪	**Das ist auch noch wichtig**

Abbildung 18: Spickzettel für Bewerbungsgespräche

Fünf Kernpunkte

Die fünf Kernpunkte sind die Dinge über dich, an die man sich nach dem Vorstellungsgespräch erinnern soll, diese bilden quasi deinen Markenkern. Als Grundlage kann dein Personal-Branding-Statement dienen.

- Welche deiner Eigenschaften möchtest du besonders herausstellen?
- Verfügst du über eine spannende Kombination von Kompetenzen, die für die offene Stelle besonders relevant sein könnten?
- Hast du eine besondere Berufserfahrung, die dich von den anderen Mitbewerbern abheben könnte?
- Interessierst du dich für ein ungewöhnliches Spezialgebiet?
- Bist du ausgewiesener Experte in einem bestimmten Bereich?

Überlege dir vor dem Vorstellungsgespräch, welche Dinge du auf jeden Fall anbringen möchtest. Damit hast du einen roten Faden für das gesamte Gespräch. Wenn du dich darauf konzentrierst, diese Punkte an geeigneter Stelle anzubringen, wirst du eine große Souveränität ausstrahlen. Deine Gesprächspartner werden merken, dass sie jemanden vor sich haben, der weiß, wer er ist und dies auch selbstbewusst vertreten kann. Natürlich kannst du auch deine Bewerbungspräsentation nutzen, um als Einstieg in das Bewerbungsgespräch den Fokus auf deine Marke zu setzen

Glanz und Gloria

Du erinnerst dich an die vier erogenen Zonen eines Personalers? Hier steht die Hand für greifbare Beispiele. Und genau darauf zielt diese Kategorie ab. Habe konkrete Beispiele dafür parat, warum genau du der oder die Richtige für die ausgeschriebene Stelle bist. Eine übrigens ganz typische Frage im Rahmen eines Vorstellungsgesprächs ist häufig:

»Warum sollten wir uns für Sie entscheiden?«

Katja, 42, hat sich auf eine strategische Koordinatorenstelle bei einem privaten Bildungsanbieter beworben. Bestandteil des Aufgabenbereichs ist unter anderem die Koordination zweier Projektteams, die sowohl in der Zentrale als auch in der Niederlassung in Hannover stationiert sind. In ihrer früheren beruflichen Laufbahn hat sie ein Team in einer Kommunikationsagentur geleitet, die zu einem globalen Technikkonzern gehörte. Im Rahmen dieser Tätigkeit hat sie auch anspruchsvolle Projekte mit Agentur und 500 km entfernter Unternehmenszentrale koordiniert und herausragende Erfolge erzielen können. Ein Beispiel, das ihr noch immer in Erinnerung ist, ist die Durchführung einer Pressekonferenz mit den führenden Fachzeitschriften Europas.

Anhand dieses Beispiels kann Katja erläutern, dass sie in der Vergangenheit bereits erfolgreich unter Beweis gestellt hat, dass sie Teams, die sich an verschiedenen Standorten befinden, erfolgreich koordinieren kann. Wichtig ist bei diesen Beispielen natürlich, dass sie eine Relevanz für deinen potenziellen Arbeitgeber haben und keine beliebige Erzählung deiner früheren Erfolge darstellen.

Entwicklungspotenziale

Hier kommen wir zu einer der heikelsten und bei Kandidaten unbeliebtesten Kategorie: deinen persönlichen *Schwächen.* Mit dieser Frage versucht der Personaler herauszufinden, wie selbstreflektiert du bist und wie du im Alltag damit umgehst.

Eine extrem weit verbreitete und somit abgedroschene Antwort auf diese Frage ist: »Ich bin Perfektionist.« Wenn dies nicht wirklich einer deiner ausgeprägtesten Persönlichkeitszüge ist, würde ich an deiner Stelle eine andere Schwäche auswählen.

Katja, 42, antwortete auf diese Frage während des Coachings im Übungs-Vorstellungsgespräch tatsächlich, dass sie Perfektionistin sei und brachte hier noch ein konkretes Beispiel an, um dies greifbar zu machen. In ihrem speziellen Fall war die Antwort authentisch und entsprach komplett ihrem Wesen. Bereits bei einigen vorhergehenden Passagen im Gespräch hatte sie darauf Bezug genommen, wie wichtig ihr akkurat abgelieferte Ergebnisse seien und welch hohen Anspruch sie an sich und auch ihre Mitarbeiter stellen würde. Somit war die Nennung des Perfektionismus sehr schlüssig und wirkte weder einstudiert noch weit hergeholt.

Wenn in deinem Bewerbungsgespräch das Thema Schwächen zur Sprache kommt, gibt es zwei bewährte Strategien, die deinem Gegenüber sowohl signalisieren, dass du zur Selbstreflektion fähig bist, als auch, dass du in der Lage bist, das Beste draus zu machen.

Strategie 1: Die zwei Seiten einer Medaille

Jede Schwäche kann zu einer Stärke werden und umgekehrt. Es macht also Sinn, dass du eine deiner Schwächen identifizierst und dir die Frage stellst, in welcher Situation diese Schwäche eventuell schon einmal hilfreich war. Hierzu ein Beispiel:

Sandra, 38, hat sich auf eine Stelle als Personalreferentin beworben. Sie hat eine eher stille, zurückhaltende Persönlichkeit und ist in Gesprächssituationen eher reaktiv als offensiv. Diese Zurückhaltung hat sie als eine ihrer Schwächen identifiziert und im Bewerbungsgespräch als Antwort auf die Frage nach ihrer größten Schwäche gebracht. Um diese Schwäche zu relativieren hat sie im Anschluss eine Situation über ein schwieriges Mitarbeitergespräch geschildert, in dem ihre ruhige Art zu einer entscheidenden Deeskalation zwischen Mitarbeiter und Vorgesetztem geführt hat.

Strategie 2: Überwundene Schwächen dank erfolgreicher Gegenmaßnahmen

Als selbstreflektierte Person hast du bestimmt schon früher Schwächen oder Entwicklungspotenziale an dir erkannt und in der Vergangenheit hart daran gearbeitet, diese zu minimieren. Die Schilderung einer solchen Schwäche und der von dir ergriffenen Gegenmaßnahmen ist eine weitere erfolgsversprechende Strategie während eines Vorstellungsgesprächs.

Ulf, 61, verfügt über die Gabe, Sachverhalte extrem schnell zu erfassen und auf deren Basis zügig Entscheidungen zu treffen. Als Führungskraft pflegt er einen eher kooperativen Führungsstil. Im Rahmen von Projekten, in denen schnell Entscheidungen getroffen werden mussten, hat er in der Vergangenheit seine Mitarbeiter häufiger »überrollt«, weil sie nicht in der Lage waren, seinen Gedankengängen zu folgen, und er ungeduldig wurde. Dies führte zu Frustration auf beiden Seiten. Um hier Abhilfe zu schaffen und die Stimmung im Team zu verbessern, hat Ulf Mechanismen für sich entwickelt, die er in Fällen von gemeinsam zu treffenden Entscheidungen anwendet. In extrem kritischen Situationen fällt er Entscheidungen allein und erläutert seine Beweggründe im Nachhinein. In allen anderen Situationen nimmt er sich bei der Entscheidungsfindung bewusst zurück, stellt gezielt Rückfragen an sein Team, um sicherzugehen, dass sie ihm folgen können und alle relevanten Informationen verstanden haben, die es bedarf, eine gute Entscheidung zu treffen.

Brillante Ideen

Je nach Detailierungsgrad der Stellenausschreibung wirst du bereits erste Anhaltspunkte dafür bekommen, welche Aufgaben dich in der zukünftigen Position erwarten. Zusätzlich hast du dank deiner Recherche zum Unternehmen und zur Branche relevante Informationen gesammelt, die dir helfen, die ausgeschriebene Stelle in einen Kontext zu bringen.

Eventuell kann es auch Sinn machen, dass du dich bereits vor deinem Bewerbungsgespräch noch einmal bei deinem Ansprechpartner im Unternehmen meldest, um weitere Fakten zur ausgeschriebenen Stelle zu bekommen.

Diese Fülle an Anhaltspunkten, kombiniert mit deinem beruflichen Erfahrungsschatz und deinen Fähigkeiten, kann dir möglicherweise erste Impulse geben, wie du in deinem zukünftigen Job vorgehen würdest.

Wenn es sich im Vorstellungsgespräch ergibt, kannst du andeuten, dass du dich bereits in deine potenzielle neue Stelle hineingedacht hast und erste konkrete Ideen hast, wie du in deiner neuen Funktion das Unternehmen voranbringen könntest.

Damit signalisierst du zum einen, dass du wirklich ernsthaft an der Position interessiert bist und dich intensiv mit der Materie und deinem möglichen zukünftigen Job auseinandergesetzt hast. Zum anderen kannst du so ganz klar mit deinen Stärken auftrumpfen und beispielsweise deinen strategischen Weitblick oder deine spezifischen Fachkenntnisse präsentieren.

Achte bei dieser Herangehensweise darauf, dass deine Vorschläge im aktuellen Verlauf des Gesprächs auch wirklich angemessen sind und nicht übergriffig wirken. Überspitzt gesagt möchte niemand ungefragt unter die Nase gerieben bekommen, was in seinem Laden alles besser laufen könnte.

Wenn allerdings die Sprache darauf kommt, welche Themen du beispielsweise in den ersten 100 Tagen deiner neuen Position angehen würdest, kannst du gezielt deine ausgearbeiteten Ideen vorstellen. Üblicherweise ergeben sich solche Gesprächsthemen eher im zweiten oder gegebenenfalls dritten Vorstellungsgespräch, wenn eine potenzielle Zusammenarbeit konkreter wird.

Marina, 35, war lange im Bereich Unternehmenskommunikation tätig und hat gerade eine Weiterbildung zum Online-Manager abgeschlossen. Sie bewirbt sich auf eine Stelle als Digital Manager eines mittelständischen Unternehmens. Als Vorbereitung zum Bewerbungsgespräch analysiert sie sowohl den Internet- als auch den Social-Media-Auftritt des Unternehmens und identifiziert erste Verbesserungsoptionen, die sie an geeigneter Stelle im Gespräch anbringt.

Arbeitsphilosophie

Um für diesen Aspekt Inhalte zu sammeln, kannst du noch einmal einen Blick auf deine G.U.T.-Übung und deine Werte werfen.

Beide geben dir hilfreiche Anhaltspunkte dafür, klar zu formulieren, welche Aspekte für dich am Arbeitsplatz relevant sind, damit du dich wohlfühlst. Hierbei geht es nicht unbedingt um den Bürohund oder die Süßigkeitenkiste, sondern um elementare Dinge, die für dich in deinem Arbeitsleben entscheidend sind.

Ein Vorstellungsgespräch ist ein gegenseitiges, unverbindliches Kennenlernen. Wenn du bereits im ersten Gespräch feststellst, dass deine Werte oder Arbeitsweise nicht in das Unternehmen passen, weil die Ansichten einfach zu unterschiedlich sind, dann ist das kein Beinbruch – im Gegenteil. Je früher du merkst, dass eine Zusammenarbeit nicht passt, desto besser. Das erspart beiden Seiten unschöne Erfahrungen.

Wenn du gern in flachen Hierarchien arbeitest und dir Entscheidungsbefugnis wichtig ist, dann würdest du in einem sehr traditionell geführten Unternehmen mit starren Hierarchien vermutlich immer wieder anecken – zu deiner Frustration und der des Unternehmens.

Wenn du ein absoluter Teamplayer bist und den Austausch mit anderen Kollegen brauchst, um deine Kreativität zu entfalten und Großes zu vollbringen, dann ist es für deinen potenziellen zukünftigen Arbeitgeber wichtig, dies zu wissen. Wenn die Art der Zusammenarbeit in diesem Unternehmen eher projektbezogen ist, unterschiedliche Teams an verschiedenen Themen arbeiten, dann bist du für diese Konstellation eine große Bereicherung.

Also werde dir klar darüber, was für eine Arbeitsumgebung für dich elementar wichtig ist, um eine gute Leistung abliefern zu können. Bei sich bietender Gelegenheit solltest du auf diesen Punkt im Laufe des Gesprächs auf jeden Fall eingehen. Eventuell kannst du es zum Abschluss als Frage formulieren, beispielsweise: »Mir ist die Zusammenarbeit im Team sehr wichtig und ich laufe zur Höchstform auf, wenn ich mich mit anderen austauschen kann. Welche Art der Zusammenarbeit ist bei Ihnen im Unternehmen üblich?«

Dies demonstriert, dass du dir bereits im Vorfeld Gedanken über deinen zukünftigen Arbeitsplatz gemacht hast, weißt, was du willst, und in der Lage bist, deine Bedürfnisse klar zu kommunizieren.

Ab und zu kommt in Vorstellungsgesprächen ganz explizit die Frage, wie du gern arbeiten würdest. Ich erinnere mich selbst an ein Gespräch in meiner Bewerbungsphase, in dem mir genau diese Frage gestellt wurde.

Gewonnene Schlachten

Im Laufe deiner bisherigen beruflichen Laufbahn hast du bestimmt schon einige herausfordernde Situationen erlebt, in denen du an deine Grenzen gekommen ist – ob fachlich oder persönlich, mental oder körperlich. Irgendwie hast du diese Herausforderungen überlebt, denn sonst würdest du dich jetzt nicht auf dein Vorstellungsgespräch vorbereiten. Und genau um dieses »irgendwie« geht es. Für Personaler ist es interessant zu verstehen,

- wie klar du den Kern des Problems erkannt hast,
- wie du emotional mit der schwierigen Situation umgegangen bist,
- wie du vom Problem zur Lösung gekommen bist,
- wie du diese Lösung implementiert hast.

Da diese Fragestellung so viele verschiedene Facetten enthält, solltest du dich vorab intensiv mit deinen »gewonnenen Schlachten« auseinandersetzen. Die kurze und prägnante Beantwortung folgender Fragen für deine spezifische Situation hilft dir dabei:

1. Wie war die Situation?
2. Worin lag die Herausforderung?
3. Wie ging es dir in dieser Situation?
4. Welchen Lösungsansatz hast du entwickelt?
5. Wie hast du die Lösung implementiert?
6. Wie war die Situation danach?
7. Was hast du aus dieser Situation für dich gelernt?

Viele Bewerber verzetteln sich im ersten Punkt und versuchen, die Situation möglichst ausführlich und detailliert zu schildern. Dabei vergessen sie leider, dass sich die Antwort primär auf ihre Kompetenzen konzentrieren sollten – eine vergebene Chance, sich zu präsentieren.

Mit der richtigen Vorbereitung deiner »gewonnenen Schlachten« kannst du im Bewerbungsgespräch ordentlich punkten.

Katja, 42, Journalistin, hatte die Aufgabe, für ein Sonderheft ihrer Zeitung einen Gastbeitrag von einem Geschäftsführer eines lokal ansässigen Unternehmens zu organisieren. Ihre Herausforderung bestand darin, dass dieser Herr nicht zu erreichen war und nicht auf ihre wiederholten Versuche der Kontaktaufnahme reagierte. Hier zeigte sich ihre Beharrlichkeit. Die Deadline kam immer näher. Um ihrem Redakteur rechtzeitig einen fertigen Beitrag liefern zu können, nutzte sie ihr vorhandenes Netzwerk. Hier zeigte sie eine starke Identifikation mit der ihr übertragenen Aufgabe. Sie kontaktierte kurzerhand den Stellvertreter des Geschäftsführers, den sie ein Jahr zuvor auf einem Wirtschaftsempfang der Stadt kennengelernt hatte. Hier demonstrierte sie ihre Netzwerkkompetenz. In Absprache mit dem Stellvertreter formulierte sie einen Gastbeitrag in der Tonalität des Geschäftsführers, den sie sich vom Unternehmen absegnen ließ. Hier zeig-

te sie ihr journalistisches Können. Mit diesem Lösungsansatz konnte sie trotz äußerer Widrigkeiten mit Kreativität ihre Aufgabe termingerecht und erfolgreich erledigen.

Wenn du dir im Vorfeld über deine gewonnenen Schlachten Gedanken machst, dann macht es Sinn, dass du dir genau überlegst, welche deiner Kompetenzen du in der geschilderten Situation hervorheben möchtest. Sie sollte ein wichtiger Bestandteil deiner Persönlichkeit sein und gleichzeitig Relevanz für die ausgeschriebene Position haben.

Kurz- und langfristige Ziele

Mit jedem deiner beruflichen Schritte verfolgst du eine bestimmte *Karrierestrategie.* Einen Aspekt davon hast du bei deiner Visions-Arbeit bereits erarbeitet. Jede deiner beruflichen Stationen sollte dich näher zu deinem Karriere-Ziel führen. Damit verbunden sind bewusste Entscheidungen, welche deiner möglichen Schritte für dich persönlich in die richtige Richtung führen. In einem Gespräch auf Augenhöhe sollte dieser Aspekt im Bewerbungsgespräch auch thematisiert werden. Eine immer noch häufig gestellte Frage im Bewerbungsgespräch lautet beispielsweise: »Wo sehen Sie sich in fünf Jahren?« Auf diese Frage solltest du eine passende Antwort parat haben.

Du strebst eine Position als Führungskraft an und hast dich beispielsweise als Projektmanager in einem Unternehmen beworben? Dann kannst du bereits im Vorstellungsgespräch deine Ambitionen klar zum Ausdruck bringen. Natürlich argumentierst du mit deiner Kompetenz, ein Team auch ohne direkte disziplinarische Befugnisse erfolgreich (an-)leiten zu können. Diese wirst du in deiner Position als Projektmanager weiter ausbauen können und gleichzeitig sowohl das innere als auch äußere Umfeld des neuen Unternehmens besser kennenlernen.

Eventuell bewirbst du dich auf eine Vertriebsposition und kannst dir vorstellen, dass du im Laufe der nächsten Jahre das Unternehmen und die Bedürfnisse der Kunden ausreichend kennengelernt hast, um deinen Zuständigkeitsbereich auf die wichtigsten Kunden, ein größeres Vertriebsgebiet oder ein breiteres Produktsortiment auszuweiten. Vielleicht bist du auch interessiert an der Schnittstelle zum Marketing und siehst deine Zukunft in diesem Bereich.

Wie auch immer du dir deine nächsten beruflichen Schritte vorstellst, habe ein klares Bild vor Augen und demonstriere deinem Gegenüber im Vorstellungsgespräch, dass du einen klaren Plan für deine berufliche Entwicklung hast, in dem die ausgeschriebene Stelle der logische und passende nächste Schritt ist.

Deine Fragen

Zum Ende eines Vorstellungsgesprächs bekommst du so gut wie immer die Möglichkeit, eigene *Fragen* zu stellen. Diese Option gilt es gut für dich zu nutzen. Vielleicht hast du noch eine konkrete Frage dazu, wie Deine zukünftige Stelle im Unternehmen aufgehängt ist oder welche Schnittstellen zu anderen Abteilungen existieren. Möglicherweise seid ihr im Laufe des Bewerbungsgesprächs beim Thema relevante Markttrends der Branche in die Tiefe gegangen und du würdest gern noch vom Abteilungsleiter seine Einschätzung zur aktuellen Marktlage hören. Eventuell ist das Gespräch optimal für dich gelaufen und du kannst dir wirklich vorstellen, für dieses Unternehmen zu arbeiten. Dann wäre eine sinnvolle Frage, wie dein Onboarding-Prozess und die Einarbeitung in deine neue Funktion im Detail aussehen können.

Katja, 42, ist sehr ergebnisorientiert. Am Ende ihres Vorstellungsgesprächs hat sie die Frage angebracht, anhand welcher Kriterien das Unternehmen bewerten würde, ob sie die ersten 100 Tage in der neuen Funktion erfolgreich war.

Diese Frage finde ich sehr smart. Zum einen bringt Katja so ihre Kompetenz der Ergebnisorientierung zum Ausdruck, zum anderen schafft sie in den Köpfen ihrer Gegenüber bereits das Bild, dass sie die ausgeschriebene Stelle besetzen wird. Sie beweist eine große Ernsthaftigkeit und demonstriert somit, dass sie sich in der Tiefe mit der Stelle identifizieren kann.

Nutze die Möglichkeit des Fragestellens, um dich noch einmal klar zu positionieren und die Informationen zu bekommen, die es braucht, um für dich die Entscheidung zu treffen, ob diese Stelle wirklich zu dir passen könnte.

Das ist auch noch wichtig

Die vorhergehenden acht Kategorien sollen dich dabei unterstützen, dich optimal und individuell auf jedes Vorstellungsgespräch vorzubereiten. Falls es Punkte gibt, die für dich relevant sind und nicht zu einer der acht anderen Kategorien passen, ist hier der Platz dafür.

Falls du dazu neigst, in Gesprächen mit Fremden sehr aufgeregt zu sein, kannst du dir beispielsweise freundliche Erinnerungen wie »ATMEN!« oder »Alles wird gut« oder den Namen einer Person, die dir Kraft gibt, aufschreiben. Alles ist erlaubt, solange es dir weiterhilft.

Outfit

Wenn du eine gründliche Recherche über das Unternehmen und deren Marktumfeld betrieben hast, Informationen zu deinen Gesprächspartnern gesammelt hast und dich mit Hilfe des Spickzettels inhaltlich auf die Stelle vorbereitet hast, können wir jetzt zur »Verpackung« kommen – der Wahl deines *Outfits*.

Das Thema Kleidungsstil haben wir im Bereich Markenattribute bereits angeschnitten. Im Vorstellungsgespräch gilt es, deinen individuellen Stil zielgruppengerecht zu präsentieren.

Dabei spielen mehrere Faktoren eine Rolle. Zum einen solltest du deine Zielgruppe kennen. Wenn du dich in einer konservativen Branche auf Führungsebene bewirbst, dann wird von dir ein ganz anderes Outfit erwartet, als wenn du als Data Analyst bei einem Start-up anfangen möchtest. Generell solltest du dich bei deinem Outfit im Groben an den Gepflogenheiten der jeweiligen Branche orientieren. Des Weiteren spielt die Hierarchieebene der ausgeschriebenen Stelle eine Rolle. Wenn du dich auf eine Stelle als Junior-Software-Programmierer in einem großen Unternehmen bewirbst, dann kann dein Outfit lässiger sein, als wenn du dich im selben Unternehmen auf die Stelle des IT-Vorstands bewerben würdest. Falls du dir nicht ganz sicher bist, welcher Dresscode passend ist, dann wähle zur Sicherheit die etwas formellere Variante.

Auch wenn du darauf achten solltest, dass deine Kleidung angemessen ist, bist du die Person, die in diesem Outfit ein bis zwei Stunden in einer eher stressigen Situation bestehen muss. Das bedeutet: Deine Kleidung sollte für dich eine Unterstützung sein, keine Belastung. Wenn du als Frau beispielsweise sonst eher flache, praktische Schuhe trägst, dann werden dir Pumps mit schmalem Absatz nicht unbedingt zu mehr Selbstsicherheit verhelfen. Denn da du es nicht gewohnt sein wirst, auf Absätzen zu laufen, wird der erste Eindruck, den du machst, eventuell durch ein unsicheres Gangbild getrübt werden. Nach 30 Minuten werden deine Zehen anfangen zu schmerzen und du wirst dich nicht mehr hundertprozentig auf dein Bewerbungsgespräch konzentrieren können. Schlimmer noch – deine Körpersprache wird deinem Gegenüber vermitteln, dass du dich in der gegenwärtigen Situation nicht wohl fühlst. Nur eine Herausforderung für Frauen? Weit gefehlt. Auch Männern kann in ungewohnter Kleidung, beispielsweise in einem steifen geschlossenen Hemdkragen, buchstäblich der Atem wegbleiben.

Ist es nicht dein Ziel, im Vorstellungsgespräch souverän und ganz bei dir zu sein? Dann wähle ein Outfit, dass dir, quasi wie ein Superheldenanzug, den Rücken stärkt und dir Selbstvertrauen gibt. Es sollte für dich, nicht gegen dich arbeiten. Dies gilt sowohl für das Sichtbare als auch das unsichtbare Darunter.

Vielleicht hast du eine Glücksunterhose oder geringelte Lieblingssocken, die dir Energie und gute Laune geben. Eventuell fühlst du dich mit halterlosen Strümpfen besonders verwegen und das Wissen über dieses kleine, für andere unsichtbare Detail lässt dich im Gespräch selbstsicherer agieren – scheue dich nicht und nutze diesen Effekt!

Deine Mission im Bewerbungsgespräch ist es, dich als Gesamtpaket zu präsentieren. Dein Ziel sollte es sein, dass deine Gesprächspartner am Ende des Gesprächs ein gutes Bild von dir als Person haben. Mit deiner Kleidung kannst du dies visuell unterstützen. Vielleicht hast du bereits ein Markenzeichen, dass du anhand deiner Kleidung ausdrückst, z.B. auffällige Statement-Ketten, Designer-Sneaker oder Handtaschen in Knallfarben? Wenn es die Branche und der Anlass erlauben, dann sind dies Möglichkeiten, dich allein optisch von den Mitbewerbern abzuheben und deine Personal Brand zu visualisieren.

Wenn du eine sehr kreative Persönlichkeit bist und deine Stärke beispielsweise darin liegt, neue Impulse im Bereich Marketing zu geben, dann macht es durchaus Sinn, deine Kreativität durch einen Eyecatcher in deinem Outfit hervorzuheben, beispielsweise ein rockiges T-Shirt unter dem Blazer oder Pumps aus rotem Lackleder.

Diese Akzente kannst du selbst dann setzen, wenn du aufgrund des Dresscodes der Branche an ein sehr strenges, konventionelles Outfit gebunden bist. Ein besonderer Schnitt, ein gemustertes Einstecktuch oder ein buntes Shirt unter dem maßgeschneiderten Blazer zeigen, dass du ein Kandidat mit Persönlichkeit bist und diese auch authentisch präsentierst.

UND JETZT LOS!

Gratulation, dass du das Buch bis hierhin gelesen hast. Wenn du die vorgestellten Übungen für dich selbst mitgemacht hast, wirst du einiges über dich als »Gesamtpaket« gelernt haben. Du weißt jetzt, wie du dir dein Leben vorstellst und was dir bei der Arbeit wichtig ist. Außerdem hast du nun ein klareres Bild vor Augen, welche Aufgaben es für dich zu lösen gilt und welche einmalige Mischung an Kompetenzen du in die Welt hinaustragen willst, und du hast deine Marke definiert und entwickelt. Außerdem hast du einige Mechanismen kennengelernt, wie du auch im verdeckten Arbeitsmarkt die für dich perfekte Stelle findest. In den letzten Kapiteln haben wir dafür gesorgt, dass du dich als Marke sowohl in schriftlicher Form als auch persönlich authentisch, selbstbewusst und zielgruppenorientiert präsentierst und dich so als idealer Kandidat empfiehlst.

Ich hoffe, dir hat diese gemeinsame Reise Freude gemacht und dir die ein oder andere neue Erkenntnis beschert. Ich wünsche dir alles Gute auf deinem weiteren beruflichen Weg und viel Erfolg bei deiner nächsten Bewerbung. Get the job!

Vielleicht hast du ja noch Fragen zu deinen Bewerbungsunterlagen, brauchst Unterstützung bei der Entwicklung deiner Personal Brand oder möchtest einen Sparringpartner für deine individuelle Bewerbungsstrategie an deiner Seite.

Dann melde dich bei mir, ich nehme mir gern Zeit für dich.

Du erreichst mich unter:

Homepage: www.solistic.de
Email: info@solistic.de
LinkedIn: www.linkedin.com/in/urtehotje
Xing: https://www.xing.com/profile/Urte_Hotje/cv

Alles Liebe,

Urte Hotje

ÜBER DIE AUTORIN

Dr. Urte Hotje ist Bewerbungsexpertin und Karrierecoach. Nach ihrem Studium war sie 15 Jahre in internationalen Unternehmen tätig. Sie gibt Einzelcoachings, veranstaltet Workshops und Seminare, hält Vorträge und schreibt Fachartikel zu den Themen strategische Karriereplanung und Personal Branding.

ANMERKUNGEN

1 Jever 2020, zugegriffen 23.10.2020, URL: https://www.jever.de/
2 Peters Tom 1997 in Fast Company, zugegriffen 23.10.2020, URL: https://www.fastcompany.com/28905/brand-called-you
3 Sinek, Simon: *Frag immer erst: warum.* München: Redline Verlag, 2014
4 Sinek, Simon: *Frag immer erst: warum.* München: Redline Verlag, 2014
5 Sinek, Simon: *Frag immer erst: warum.* München: Redline Verlag, 2014, Seite 43.
6 Jan Ketil Arnulf, Lisa Tegner & Øyunn Larssen (2010) Impression making by résumé layout: Its impact on the probability of being shortlisted, European Journal of Work and Organizational Psychology, 19:2, 221–230, DOI: 10.1080/13594320902903613
7 Labrecque, L.I., Milne, G.R. (2012). Exciting red and competent blue: the importance of color in marketing. Journal of Academy of Marketing Science, 40 (5), S. 711–727.
8 Ebd.
9 Nienaber, Tjalf (2017). The Recruiting Prism, zugegriffen 01.12.2020, URL: www.nienaber.de
10 Ebd.
11 Kubis, Alexander (2019): IAB-Stellenerhebung 1/2019: Weiterhin hoher Bestand an offenen Stellen, In: IAB-Forum 16. Mai 2019, https://www.iab-forum.de/iab-stellenerhebung-1-2019-weiterhin-hoher-bestand-an-offenen-stellen/, zugegriffen am 5.10 2019.
12 Jobbörsen-Kompass, zugegriffen am 11.11.2020, URL: https://jobboersen-kompass.de/archive/786
13 Raven51, Zugriffen am 11.11.2020, URL:https://raven51.de/wiki/google-for-jobs/
14 ICR Recruiting Trends 2018, Zugriffen am 11.11.2020, URL: http://deutschlandsbestejobportale.de/resources/ICR+Recruiting+Trends+2018J.pdf
15 Bürkle, Hans, Aktive Karrierestrategie, Wiesbaden, Springer Gabler, 2013.
16 Omnicore, zugegriffen am 11.11.2020, URL: https://www.omnicoreagency.com/LinkedIn-statistics/
17 Ebd.

18 Hill, Katrin, zugegriffen am 11.11.2020, URL: https://www.katrinhill.com/sonderzeichen-emoticons-fuer-facebook-seiten/

19 Travers, Jeffrey und Milgram, Stanley (1969) An Experimental Study of the Small World Problem, Sociometry, Vol. 32, No. 4. Seiten: 425-443.

20 Bell, Graham, zugegriffen am 11.11.2020, URL: https://beruhmte-zitate.de/zitate/2067760-alexander-graham-bell-vorbereitung-ist-vor-allem-der-schlussel-zum-erfol/

21 Statista,zugegriffenam11.11.2020,URL:https://de.statista.com/statistik/daten/studie/481399/umfrage/anzahl-der-xing-nutzer-in-der-dach-region/

22 Presseportal, zugegriffen am 11.11.2020, URL: https://www.presseportal.de/pm/64022/4186508

23 UCL News, zugegriffen am 11.11.2020, URL: https://www.ucl.ac.uk/news/2017/jun/authenticity-key-landing-new-job

24 Jenny Blake: *Pivot: The Only Move That Matters Is Your Next One*. New York: Penguin, 2017.

Mit Morgenroutine mehr im Leben erreichen

Während einige morgens mehrmals die Snooze-Taste drücken, trainieren andere bereits für einen Halbmarathon. Wenn die einen Schwierigkeiten haben, ihre Kinder last minute für die Schule fertig zu machen, haben andere Spaß am Familienfrühstück und organisieren bereits das Nachmittagsprogramm.
Laura Vanderkam beschäftigt sich seit vielen Jahren mit Zeitmanagement und weiß: Menschen, die viel erreichen, nutzen ihre Morgenstunden dafür. Sie zeigt, wie man die Zeit am Morgen richtig nutzt und Gewohnheiten entwickelt, die zu einem glücklicheren und produktiveren Leben führen. Der perfekte Ratgeber, um jeden Tag optimal und entspannt zu starten.

144 Seiten
Softcover
12,99 € (D) | 13,40 € (A)
ISBN 978-3-86881-831-4

www.redline-verlag.de

REDLINE | VERLAG

Warum die erfolgreichsten Menschen von zu Hause aus

Die Coronakrise hat gezeigt: Homeoffice und Remote Work können sehr gut funktionieren und eine Bereicherung für Unternehmen und Mitarbeiter sein. Die Vorteile liegen auf der Hand: Man ist weniger gestresst und hat mehr Zeit, weil etwa lange Arbeitswege entfallen. Man arbeitet konzentrierter und gelangt häufig zu kreativeren Lösungen. Laura Vanderkam erklärt, warum das Homeoffice Privileg und Herausforderung zugleich ist. Wie man den Anforderungen der Arbeit im Homeoffice gerecht wird und dabei den Draht zu Mitarbeitern und Vorgesetzten nicht verliert zeigt sie in diesem Buch. Sie ist überzeugt: Die wenigsten werden je wieder anders arbeiten wollen!

144 Seiten
Softcover
12,99 € (D) | 13,40 € (A)
ISBN 978-3-86881-830-7

www.redline-verlag.de

REDLINE | VERLAG

Unübersehbar erfolgreich

Hermann H. Wala, Autor des Best- und Longsellers von *Meine Marke*, half mit seinem bewährten Erfolgskonzept der WIR-MARKEN einer Vielzahl an Unternehmen, ihre Produkte in den Köpfen und Herzen der Kunden zu etablieren.
In seinem neuen Buch *Ich, endlich einzigartig* wendet sich der Erfolgsautor und Markenexperte nun an jeden Einzelnen – und zeigt, wie man sich systematisch als Marke positionieren kann. Er erklärt, warum es gerade in der heutigen Zeit so wichtig ist, die eigene Person als authentische ICH-MARKE zu präsentieren und das eigene Profil zu schärfen: im Beruf, beim Kunden, als Dienstleister, im Social Media, ja selbst im Privatleben. Lesen Sie, wie Sie mit mehr Selbstvertrauen und einer begehrten und starken Personal Brand von sich überzeugen!
8 prominente Markenbotschafter geben in Interviews Auskunft über Ihre Erfolgsstrategien.

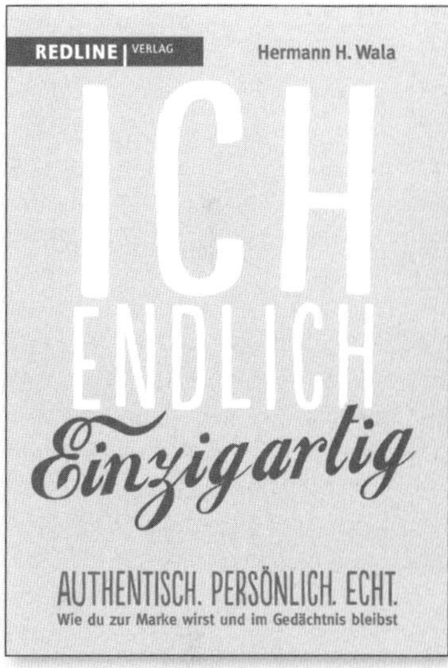

224 Seiten
Softcover
19,99 € (D) | 20,60 € (A)
ISBN 978-3-86881-711-9

---

www.redline-verlag.de

REDLINE | VERLAG

Haben Sie Interesse an unseren Büchern?

Zum Beispiel als Geschenk für Ihre Kundenbindungsprojekte?

Dann fordern Sie unsere attraktiven Sonderkonditionen an.

Weitere Informationen erhalten Sie bei unserem Vertriebsteam unter **+49 89 651285-252**

oder schreiben Sie uns per E-Mail an:
vertrieb@m-vg.de

REDLINE | VERLAG